essentials

essentials liefern aktuelles Wissen in konzentrierter Form. Die Essenz dessen, worauf es als „State-of-the-Art" in der gegenwärtigen Fachdiskussion oder in der Praxis ankommt. *essentials* informieren schnell, unkompliziert und verständlich

- als Einführung in ein aktuelles Thema aus Ihrem Fachgebiet
- als Einstieg in ein für Sie noch unbekanntes Themenfeld
- als Einblick, um zum Thema mitreden zu können

Die Bücher in elektronischer und gedruckter Form bringen das Expertenwissen von Springer-Fachautoren kompakt zur Darstellung. Sie sind besonders für die Nutzung als eBook auf Tablet-PCs, eBook-Readern und Smartphones geeignet. *essentials:* Wissensbausteine aus den Wirtschafts-, Sozial- und Geisteswissenschaften, aus Technik und Naturwissenschaften sowie aus Medizin, Psychologie und Gesundheitsberufen. Von renommierten Autoren aller Springer-Verlagsmarken.

Weitere Bände in der Reihe http://www.springer.com/series/13088

Wolfgang Schlicht

Gesundheit systematisch fördern

Von der Absicht zur Realisierung

Prof. Dr. Wolfgang Schlicht
Lehrstuhl für Sport- und
Gesundheitswissenschaften
Universität Stuttgart
Deutschland

ISSN 2197-6708 ISSN 2197-6716 (electronic)
essentials
ISBN 978-3-658-20960-5 ISBN 978-3-658-20961-2 (eBook)
https://doi.org/10.1007/978-3-658-20961-2

Die Deutsche Nationalbibliothek verzeichnet diese Publikation in der Deutschen Nationalbibliografie; detaillierte bibliografische Daten sind im Internet über http://dnb.d-nb.de abrufbar.

Gedruckt auf säurefreiem und chlorfrei gebleichtem Papier

Springer ist ein Imprint der eingetragenen Gesellschaft
Springer Fachmedien Wiesbaden GmbH und ist Teil von Springer Nature
Die Anschrift der Gesellschaft ist: Abraham-Lincoln-Str. 46, 65189 Wiesbaden, Germany

Was Sie in diesem *essential* finden können

- wesentliche Aspekte des systematischen Vorgehens bei komplexen Interventionen
- Methoden der Implementierungsforschung
- Hinweise auf Werkzeuge der Interventionsplanung
- Vorschläge zur Unterscheidung von Zielhierarchien
- Evaluationsansätze

Vorwort

Seit langem wissen wir, dass das Gesundheitssystem – trotz eines säkular rückläufigen Trends in Alterserkrankungen – durch die wachsende Zahl alter Menschen, die multimorbide und chronisch erkrankt sind, an seine finanzielle und personelle Belastungsfähigkeit stoßen wird. Behandlung und Versorgung neu auszurichten und patientenorientiert zu organisieren, dabei auch nicht-ärztlichen Professionen mehr an Kompetenzen zuzubilligen, ist eine vernünftige Strategie, um Versorgungsdefiziten zu begegnen und Kosten zu sparen. Eine ergänzende und nicht minder effektive Strategie ist der konsequente Ausbau der Prävention und der Gesundheitsförderung. Damit können Risiken multimorbider Prozesse gemindert und kann alten Menschen nicht nur ein längeres, sondern auch ein langes Leben in Gesundheit ermöglicht werden.

So, wie Versorgung sich an nachgewiesen wirksamen Therapien und adjuvanten Therapien orientiert, müssen sich auch präventive und gesundheitsförderliche Konzepte und Maßnahmen an Qualitätskriterien wie Evidenz und Effizienz orientieren. Hier wie dort, geht es darum, wissenschaftlich fundiert und ethisch reflektiert zu handeln.

In der Praxis der Prävention lässt sich aber häufig beobachten, dass Glaubensbekenntnisse statt verlässliche wissenschaftliche Fakten das Tun der Protagonisten leiten. Man macht, was man schon immer gemacht hat; man stützt sich auf Maßnahmen, die man gut beherrscht und fragt nicht, ob diese denn auch den spezifischen Umständen und Zielen, die man verfolgt, angemessen sind. Ziele werden nur abstrakt benannt und Veränderungen nicht gemessen. Man betreibt letztlich Glücksspiel, statt systematisch zu intervenieren.

Will man für die fehlende Orientierung an Qualitätskriterien mildernde Umstände anführen, dann ist zum einen die Komplexität der Probleme zu nennen, die Praxis im realen Alltag herausfordert. Zum anderen sind es die häufig unzureichenden finanziellen und personellen Ausstattungen von Präventionsmaßnahmen, die ein wissenschaftlich fundiertes Vorgehen behindern. Die Probleme, denen sich Praxis gegenübersieht, sind – was die Komplexität betrifft – unvermeidlich unsicher im Ausgang und undurchschaubar in ihrer Dynamik. Da hilft nur, systematisch vorzugehen.

Seit einigen Jahren liegen Konzepte und Werkzeuge verfügbar vor, die auch für den/die Praktiker/in systematisches handeln ermöglichen. Der Zugriff auf Konzepte und Werkzeuge wird durch das Aufkommen und die stetige Entwicklung der Disseminations- und Implementierungsforschung erleichtert, die – anders als Grundlagenforschung – nach alltagswirksamen und -tauglichen Methoden und Instrumenten sucht. Was dort an Wissen geschaffen wurde, scheint in der Präventionspraxis aber immer noch nicht hinreichend angekommen zu sein.

Als Hochschullehrer und Berater von Organisationen der Präventionspraxis wurde und wird mir wiederholt vorgetragen, man müsse das, was systematisches Vorgehen im Kern bedeutet, auf wenigen Seiten gerafft vorfinden können, denn es fehle einfach die Zeit, die im Internet, in Zeitschriften und in Monografien versprengten Inhalte zu sammeln. Im *essential* werden nun die wesentlichen Inhalte komplexen Intervenierens erläutert. Wer mehr lesen möchte, der sei auf das SPRINGER-Lehrbuch zum Thema verwiesen, das ich gemeinsam mit Prof. Dr. Marcus Zinsmeister (Hochschule Kempten) verfasst habe.

Dem Lektorat der SPRINGER-Fachmedien danke ich für Möglichkeit, dieses wichtige Gebiet erneut – im Kern – zu präsentieren.

Stuttgart
im Januar 2018

Wolfgang Schlicht

Inhaltsverzeichnis

Über den Autor

Prof. Dr. Wolfgang Schlicht hat den Lehrstuhl für Sport- und Gesundheitswissenschaften der Universität Stuttgart inne. Seine Arbeitsgruppe analysiert Person-Umweltkonstellationen, die bedingen, ob jemand den Alltag körperlich aktiv gestaltet und damit seine Gesundheit schützt. Ein weiterer Schwerpunkt ist, Interventionshandeln zu systematisieren. Bei SPRINGER erschien von ihm ein *essential* zu *Urban Health* und – mit Prof. Dr. Marcus Zinsmeister – ein Buch zu komplexen Interventionen.

Einleitung

1

Durch wissenschaftliches Bemühen ist es gelungen, hochansteckende – früher meist auch tödlich verlaufende – Erkrankungen auszurotten (z. B. Pocken) oder wenigstens stark einzudämmen (z. B. Masern). Stattdessen ruinieren moderne Menschen ihre Gesundheit, indem sie zu viel vom Falschen essen, zu viel Alkohol trinken, rauchen und täglich lange Zeit sitzen. In der Absicht, den Profit zu steigern, verpesten sie die Luft, die sie atmen, verseuchen das Wasser, das sie trinken, laugen den Boden aus, auf dem ihre Nahrungsmittel gedeihen sollen und heizen die Atmosphäre kontinuierlich auf, bis einigen – im wahrsten Sinne des Wortes – das Wasser bis zum Halse steht.

Die „Organisation für die Wirtschaftliche Zusammenarbeit und Entwicklung" (OECD 2017) stellt fest, dass Menschen in Deutschland ungesünder leben als in anderen OECD-Ländern. In Deutschland wird mehr geraucht und werden größere Mengen alkoholischer Getränke konsumiert (OECD 2017). Bereits im Jahr 2016 veröffentlichte die OECD Daten, die für Deutschland wenig ermutigende Tendenzen erkennen ließen. Erfreulich ist zwar, dass die „fernere Lebenserwartung" – definiert als die Zeitspanne vom 65. Lebensjahr bis zum Tod – in der deutschen Bevölkerung steigt. Im internationalen Ländervergleich sind die gewonnenen Lebensjahre aber in Deutschland stärker mit Krankheit belastet. Eine Ursache für diesen Sachverhalt sind chronische Erkrankungen, an denen in der deutschen Bevölkerung mehr Menschen bereits im Alter zwischen 50 und 55 Jahren leiden, als in anderen europäischen Ländern (OECD 2016). Das hat mit den Lebensweisen und den Lebensumständen zu tun.

Natürliche Ressourcen schonen, Umwelt nachhaltig gestalten, so dass sie der Gesundheit nutzt und sie nicht schädigt, krankmachendes Verhalten ändern und gesundheitsförderliche Maßnahmen implementieren, das könnte verhindern, dass die Bevölkerung krank altert. Gesünder essen, sich mehr bewegen, Stress reduzieren,

W. Schlicht, *Gesundheit systematisch fördern,* essentials,
https://doi.org/10.1007/978-3-658-20961-2_1

nicht rauchen, Alkohol nur in Maßen konsumieren, könnten das Erkrankungsrisiko senken.

Ein beträchtlicher Anteil der nicht-ansteckenden chronischen Erkrankungen, unter denen koronare Herzerkrankungen, Krebs, Diabetes Typ 2, psychische Störungen, Atemwegs- und Muskel-Skelett-Erkrankungen die Statistiken anführen, könnte durch präventive Maßnahmen reduziert werden (Plass et al. 2014; WHO 2006). Für das Vereinigte Königreich wurde prognostiziert, dass sich 2000 vorzeitige Todesfälle verhindern ließen, gelänge es, die Rauchprävalenz um 1 % zu senken. Das ginge nicht von selbst, sondern bedürfte finanzieller Aufwendungen und wirksamer Konzepte. Im Jahr 2015 wurden 344 Mio. Euro aufgewendet, um die Bevölkerung gesundheitlich zu versorgen. Davon flossen lediglich 11 Mio. Euro in die Prävention. Das sind gerade einmal etwas mehr als 3 % (RKI 2015).

Stärkeres finanzielles Engagement ist sicherlich eine Voraussetzung für umfassende präventive Bemühungen. Hohe monetäre Investitionen bedingen aber nicht automatisch wirksame Maßnahmen. Sie tun es mit höherer Wahrscheinlichkeit, wenn **Interventionen systematisch** erfolgen, wenn Absichten und Ziele differenziert gesetzt und Komponenten und Maßnahmen gewählt werden, die auf empirisch bewährten Theorien, Ansätzen oder Modellen fußen, und wenn sie mit den vorhandenen Ressourcen effizient umgehen. Systematisches Vorgehen ermöglicht, dass erfolgreiche Interventionen für andere Konstellationen als „best practice" dienen können, weil bekannt ist, was, wann, unter welchen Bedingungen, bei wem, mit welcher Absicht und mit welchen Zielen gewirkt hat.

Tricket und Espino (2004, S. 62) konstatieren allerdings nach der Durchsicht von über 50 Arbeiten zu Interventionen in der kommunalen Gesundheitsförderung:

> there is more theology than conclusion, more dogma than data.

Auch Interventionen in das individuelle Gesundheitsverhalten lassen ein systematisches Vorgehen vermissen, worauf neben anderen Michie et al. (2009) hingewiesen haben. Das könnte ein Grund sein, warum es bislang nur unzureichend gelungen ist, Übergewicht und Fettleibigkeit zu reduzieren, die beide gesundheitlich riskant sind. Trotz aller Bemühungen, über gesünderes Ernähren aufzuklären und zu mehr Alltagsbewegung und Sport zu motivieren, steigt die Übergewichts- und Adipositas-Prävalenz. In 2017 hat eine Autorengruppe im New England Journal of Medicine die weltweiten Prävalenzanstiege referiert (GBD 2015 Obesity Collaborators 2017). 4 Millionen Todesfälle, vor allem durch kardiovaskuläre Erkrankungen, gehen auf das Konto eines erhöhten Body-Mass Index (BMI) von mehr als 25 kg/m^2.

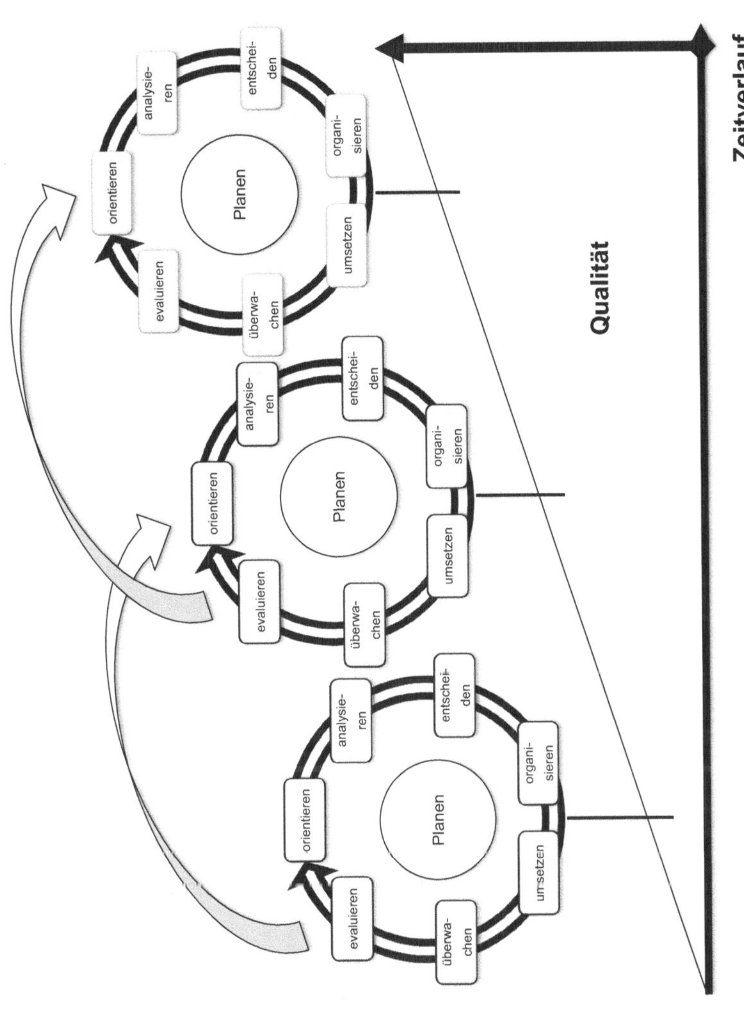

Abb. 1.1 Planungszyklus einer systematischen Intervention

Statt systematischem Vorgehen herrscht in der Praxis also häufig eine „hemdsärmelige“ Vorgehensweise. Die Akteure trennen nicht zwischen **Absichten** (z. B. Diabetes Typ 2 vermeiden) und dazu passenden **Zielen** (z. B. Körpergewicht reduzieren). Sie definieren ihre Absichten und Ziele eher implizit statt explizit. Sie wählen **Interventionskomponenten,** die sie gut beherrschen, ohne zu fragen, ob diese die angestrebten Effekte unter den gegebenen Umständen bedingen können. Bei einem unsystematischen Vorgehen wird auch nicht gemessen. Die Akteure können also auch nicht steuernd eingreifen. Sie spielen Glücksspiele, landen hin und wieder sogar einen zufälligen Treffer und unterliegen dann der Illusion, ein System entwickelt zu haben, das den Zufall ausschließt.

Interventionen, in der Absicht, Krankheit zuvorzukommen, Krankheitsrisiken zu verhindern (Prävention) und Gesundheit zu fördern, sind komplexe Veranstaltungen. Ihre Dynamik ist unvorhersehbar und im Ausgang sind sie unvermeidlich unsicher. Die ihnen innewohnende **Unsicherheit** lässt sich nur reduzieren, wenn Planungsschritte beachtet und in ihrer Wirkung stetig beobachtet werden. Nur über aufeinander folgende Iterationsschritte verbessert sich die Qualität einer Intervention (siehe Abb. 1.1).

Mit systematischen Interventionen bei komplexen Problemen befasst sich die **Implementierungsforschung.** Sie liefert Grundlagen für ein systematisches Vorgehen. Dieser Zweig der Gesundheitswissenschaften arbeitet daran, wissenschaftliche Erkenntnisse und Instrumente, die man in standardisierten Studien (z. B. in Labor- oder Feldexperimenten) gewonnen und erprobt hat, für die Praxis verwertbar zu machen. Die individuelle und die Bevölkerungsgesundheit sollen gesichert und gesteigert werden, indem:

1. Maßnahmen mit Wirksamkeitsnachweis verwendet werden (evidenzbasiert)
2. Theorien und Modelle das Interventionshandeln leiten (theorieorientiert)
3. Personen erreicht werden, die einer Intervention bedürfen (bedarfsorientiert)
4. Komponenten und Handlungen an die jeweils gegebenen Umstände angepasst (situativ angemessen) werden
5. Konzepte sicher, gerecht und in einer ethisch verantwortlichen Weise umgesetzt werden (wissenschaftlich fundiert und ethisch legitimiert).

Gesundheit, Prävention und Gesundheitsförderung

2

2.1 Gesundheit

Fragt man „Menschen auf der Straße", was sie unter **Gesundheit** verstehen (naives Konzept) und was sie für geeignet halten, um gesund zu bleiben (naive Theorie), erhält man Antworten, die Faltermaier (2005) vier bildhaften Vorstellungen zugeordnet hat. Die eine Personengruppe nutzt das Bild eines Ein/Aus-**Schalters.** Einmal gedrückt, ist Gesundheit „an", erneut gedrückt, ist sie „aus", man ist krank. Eine andere Gruppe nutzt das Bild einer **Batterie,** die zu Beginn – im vollen Ladungszustand – Energie für den Alltag liefert, sich aber mit jeder Inanspruchnahme unaufhaltsam entlädt. Eine dritte Gruppe wiederum nutzt das Bild eines **Akkumulators,** den man – hat sich dessen Ladung erschöpft – wieder mit Energie aufladen kann. Sportliche Aktivität, Ernährung, Entspannung gelten dieser Gruppe als probate Energielieferanten. Die vierte Gruppe schließlich verwendet einen **Generator** als Vorstellungsbild. Generatoren wandeln Energie aus Ressourcen. Für diese Gruppe sind sportliche Aktivität, Ernährung oder Entspannung Ressourcen, mit denen sich Gesundheit herstellen lässt.

Wissenschaftliche Konzepte sind ähnlich vielfältig. Sie sehen in Gesundheit die Abwesenheit von Krankheit, vollkommenes Wohlbefinden, soziales Funktionieren, gelungene Alltagsbewältigung, ein dynamisches Gleichgewicht von Risiken und Schutzfaktoren oder eine Reaktion auf gesellschaftliche Herausforderungen (u. a. Hurrelmann und Franzkowiak 2004, Schlicht 1998).

In Folge der **Ottawa-Charter for Health Promotion** (Weltgesundheitsorganisation 1986; WHO), auf die sich weitere Verlautbarungen und Konzepte der WHO beziehen, wird Gesundheit als Prozess deklariert, auf den alle Politikbereiche (Health in all Policies) verpflichtet werden. Gesundheit ist nicht das eigentliche Ziel der Bemühungen, sondern eine notwendige Bedingung um

W. Schlicht, *Gesundheit systematisch fördern*, essentials,
https://doi.org/10.1007/978-3-658-20961-2_2

Handlungsräume zu öffnen, die es dem Individuum und der Gesellschaft ermöglichen, Ziele zu verwirklichen, mit denen sie ihre Bedarfe decken und Bedürfnisse befriedigen können. An diesem Konzept orientiert sich ein **wertefokussiertes Gesundheitsverständnis** und Handeln: 1) Wohlbefinden und Lebenszufriedenheit fördern, statt nur Krankheit vermeiden, 2) das persönliche Wachstum unterstützen und fördern und 3) Krankheit und Sterben als unvermeidliche Momente des menschlichen Lebens akzeptieren.

Die WHO konzentrierte sich in der Ottawa-Charta auf **Lebenswelten** (settings). Dazu zählen – neben anderen – Kindergärten, Schulen, Kommunen, Krankenhäuser, Städte oder Betriebe, kurzum Umwelt-Kontexte mit eigenen Normen, Werten und Erwartungen, die das Verhalten ihrer Akteure implizit oder explizit beeinflussen, manchmal auch erzwingen und so Gesundheit schädigen oder unterstützen und stärken. Mit der Ottawa-Charta war ein Paradigmenwechsel verbunden, der zusätzlich zum Bemühen, Verhaltensrisiken zu beseitigen oder zu schwächen (upstream Ansatz der Prävention), den Blick auch auf die Umwelt richtete (downstream Ansatz der Prävention). Risiken sollen gesenkt werden, um Vulnerabilität (Verletzlichkeit) zu reduzieren, Ressourcen sollen identifiziert und gestärkt werden (Gesundheitsförderung), um Resilienz (Widerstandsfähigkeit) zu erhöhen.

Public Health (öffentliche Gesundheitsvorsorge und -förderung) richtet sich an **Gesundheitszielen** aus. Sie definiert dazu passende Interventionsbereiche, -ansätze und -strategien. Auf der Bevölkerungsebene soll „Gesundheit rund um die Geburt" (z. B. gesunde Schwangerschaft) ermöglicht, „Gesund aufwachsen" (z. B. Lebenskompetenz) sichergestellt, „Gesundheitskompetenz (health literacy)" (Entscheidungs-Souveränität von Patienten und Patientinnen) erhöht, „Gesund älter werden" (Autonomie alter Menschen) angestrebt werden. Weitere Ziele wollen **nicht-ansteckende Erkrankungen** vermeiden, indem sie darauf dringen, riskante Verhaltensweisen zu ändern (siehe: www.gesundheitsziele.de; Zugriff. November 2017).

2.2 Prävention

Bereits im 18. und 19. Jahrhundert gab es Bemühungen, das Erkrankungsrisiko der Bevölkerung zu reduzieren. Ansteckungen sollten durch Hygienemaßnahmen vermieden und Menschen gegen das Ausbrechen oder einen schweren Verlauf einer Erkrankung gefeit werden. Seit dem 19. Jahrhundert (1874 Reichsimpfgesetz) sind Impfungen gegen viral bedingte Erkrankungen (zunächst Pocken) eine bevorzugte prophylaktische Strategie. In den 1950er Jahren zielten Präventionsbemühungen zusätzlich auf nicht-ansteckende, meist chronisch verlaufende Erkrankungen. Heute bedingen diese die größte Krankheitslast industriell entwickelter Staaten. Epidemiologische Studien fanden einen Zusammenhang von typischen Verhaltensweisen (Inaktivität, Rauchen etc.) und der Erkrankungs- und Sterblichkeitsrate. Morris et al. (1953) verglichen Londoner Busfahrer mit Fahrkarten-Kontrolleuren. Sie ermittelten eine höhere kardiovaskuläre Mortalität der Busfahrer und führten diese auf deren Arbeitsalltag zurück. Fahrer sitzen, Kontrolleure stehen oder laufen durch den Bus. Körperliche Inaktivität galt fürderhin als kardiovaskuläres Risiko. Weitere Studien folgten und beförderten bevölkerungsweite Kampagnen. Der **Multiple Risk Factor Intervention Trial** (MRFIT 1982) und das **Minnesotta Heart Health Program** (Luepker et al. 1994) sind Beispiele für frühe „large-scale Kampagnen". Die Absicht, Risiken der Inzidenz nicht-ansteckender chronischer Erkrankungen zu mindern oder zu beseitigen, wird als **reaktions-orientierte** oder **pathogenetisch-präventive** Absicht bezeichnet. Davon abgegrenzt wird die **promotions-orientierte** oder **salutogenetische** Absicht der Gesundheitsförderung.

2.3 Gesundheitsförderung

Der Begriff „Gesundheitsförderung" taucht Ende der 1970er Jahre in WHO-Verlautbarungen auf (Alma Ata Konferenz 1977). Intensiv wird die Debatte um die Abgrenzung der Gesundheitsförderung von der Prävention und des bio-medizinischen Risikomodells, das sie begründet, seit 1986 mit der **Ottawa-Charta** geführt. In der Charta wird gefordert: 1) eine Gesamtpolitik, die auf allen gesellschaftlichen Ebenen und in allen Politikbereichen, die Gesundheit der Bevölkerung sichert, 2) Ressourcen und Potenziale (Salutogenese) zu stärken, die Gesundheit zu sichern und Wohlbefinden zu mehren, statt ausschließlich Risiken zu mindern, die Gesundheit beeinträchtigen (Pathogenese), 3) Lebenswelten und nicht mehr ausschließlich individuelle Lebensweisen zu adressieren und 4) eine gesundheitsförderliche Gesetzgebung zu schaffen, die Umweltbelastungen reduziert und dem Individuum gesundes Handeln erleichtert.

Die mit der Charta angestoßene Ausrichtung der Gesundheitspolitik mündet in drei Handlungsstrategien und fünf Handlungsbereiche, auf die sich die Unterzeichner verpflichtet haben. Die drei Strategien: 1) für die Gesundheit Partei ergreifen (advocacy), 2) zur Gesundheit befähigen und sie ermöglichen (enabling) und 3) Akteure vermitteln und vernetzen (mediate), sollen a) in eine gesundheitsförderliche Gesamtpolitik münden, b) gesundheitsförderliche Lebenswelten schaffen, c) gesundheitsförderliche Gemeinschaftsaktionen unterstützen, d) persönliche Kompetenzen entwickeln und e) Gesundheitsdienste umfassend ausrichten, um Gesundheit und Gesundheitskompetenz zu stärken.

Tab. 2.1 Prävention und Gesundheitsförderung: Unterschiede und Gemeinsamkeiten

	Prävention betont …	Gesundheitsförderung betont …
Bezug/Orientierung	Krankheitsvermeidung: jene Risiken mindern/beseitigen, die Gesundheit gefährden/beeinträchtigen	Gesundheitsstärkung: jene Ressourcen identifizieren und stärken, die Gesundheit und Wohlbefinden erhalten und stärken
Paradigmatische Grundlage	Bio-medizinisches Modell, das Störungen im Organismus als krankheitsverursachend ansieht und mit naturwissenschaftlicher Methodik nach Noxen sucht, die diese Störung verursachen	Sozial-ökologisches Modell, das von einer Interaktion der Person mit ihrer Umwelt ausgeht und in der subjektiven Deutung von Umwelt den Kern der Reaktionen und Handlungen sieht
Primärer Adressat	Das riskante Verhalten der Person; die schädliche Umwelt	Die Faktoren und Bedingungen einer gesundheitsförderlichen „Person x Umwelt-Interaktion“
Interventionsrichtung	„Downstream“[a]	„Upstream“[a]
Prinzipien und Absichten	Neu-Erkrankungen verhindern (Primordial- und Primär-Prävention), Fortschreiten einer Erkrankung bremsen (Sekundär-Prävention), Gesundheit wiederherstellen (Tertiär-Prävention), Überdiagnostik und -therapie verhindern (Quartär-Prävention)	Chancengleichheit, Menschenrechte, soziale Ressourcen, Gesundheitskompetenzen und -erwartungen stärken, Gemeinwesen stärken, empowerment und enabling

[a]„Downstream“ bezeichnet eine Strategie, die sich an riskantem Verhalten orientiert (z. B. unzureichende körperliche Aktivität) und interveniert, wenn Risiken (z. B. Übergewicht) bereits sichtbar werden; „upstream“ ist eine Strategie, die sich am Alltag und an Lebensbedingungen von Menschen ausrichtet, diese zu ändern sucht, bevor Risiken auftreten (z. B. Besteuerung von zuckerhaltigen Getränken).

In der Tab. 2.1 sind wesentliche Unterschiede von Prävention und Gesundheitsförderung gelistet. Beide Ansätze sind keine Gegensätze, sondern ergänzen einander.

Welche Absicht auch immer verfolgt wird, welche Strategie und welchen Handlungen letztlich gewählt werden, um das Verhalten oder die Lebenswelt von Zielgruppen mit ihren Bedarfen und Bedürfnissen zu adressieren, die Umstände und das Vorgehen sind stets komplex.

3 Komplexe Probleme – komplexe Interventionen

3.1 Komplexe Probleme

In der Praxis von Prävention und Gesundheitsförderung sind Aufgaben zu lösen und Probleme zu bewältigen. **Probleme** unterscheiden sich von **Aufgaben.** Für Aufgaben gibt es einen – manchmal auch mehrere – vorgegebene Lösungswege, die sich bereits bei ähnlichen Aufgaben bewährt haben. **Probleme** fordern heraus oder erscheinen bedrohlich. Der Weg, sie zu lösen, um also einen Ausgangszustand in einen (wenigsten halbwegs) befriedigenden Endzustand zu überführen, ist nicht vorgegeben. Oft ist das Problem noch nicht einmal exakt definiert und es ist unklar, ob es sich überhaupt respektive mit einem vertretbaren personellen und finanziellen Aufwand lösen lassen wird.

Komplexe Probleme (Dörner 1976) steigern Problemen innewohnende Unsicherheiten in das Unvermeidliche. Mit „Komplexen Problemen" werden Sachverhalte beschrieben, die durch typische Charakteristika markiert sind:

- **Multiple Determiniert- und Beschaffenheit:** Mehrere Variablen konstituieren das Problem, das sich aus mehreren Quellen speist. Das erzwingt, dass Informationen zum Teil drastisch reduziert werden müssen, will man das Problem begreifen und beschreiben.
- **Vernetztheit:** Die Variablen sind vernetzt. Mal sind sie eng, mal nur lose verbunden; mal bestehen Zusammenhänge nur zwischen zwei Variablen, mal multilateral. Um das zu durchschauen, müssen Informationen strukturiert werden.
- **Eigendynamik:** Der problembehaftete Zustand besitzt ein ‚Eigenleben'; er verändert sich mit der Zeit. Selbst ohne äußere Einflussnahme verändern sich die Variablen und deren Vernetztheit in einer unvorhersehbaren Weise (Nicht-Linearität). Das bedingt dringliches handeln oder – wüsste man vorherzusagen, dass sich alles zum Guten wendet – abzuwarten.

W. Schlicht, *Gesundheit systematisch fördern*, essentials,
https://doi.org/10.1007/978-3-658-20961-2_3

- **Intransparenz:** Informationen, die benötigt werden, um einen problembehafteten Zustand zu beschreiben und dessen Dynamik vorherzusagen, sind verborgen. Soll eingegriffen werden, müssen Informationen aktiv beschafft oder aus vorhandenen Informationen extrapoliert werden. Das kostet Zeit, ist aufwendig.
- **Polytelie:** Gelöst werden sollen oft mehrere und widersprüchliche Ziele. Das erfordert Priorisierungen und Kompromisse im Vorgehen. Selten lässt sich alles gleichzeitig lösen und zusätzlich sind Nebenwirkungen zu kalkulieren.
- **Emotionale und motivationale Bedeutsamkeit:** Der problembehaftete Zustand dringt auf Lösung, weil er von unangenehmen Emotionen und Gefühlen begleitet wird (Klein 2008).

Mit der Gemengelage eines komplexen Problems sind Praktiker in der Prävention und Gesundheitsförderung konfrontiert. Sie wollen etwas ändern, wollen dringlich eingreifen. Beispielsweise wollen sie die Gestalt einer Stadt so verändern, dass Menschen sich mit ihrem Quartier identifizieren, ihre Nachbarschaft als unterstützend erleben und gerne im Quartier zu Fuß oder mit dem Fahrrad unterwegs sind. Beim derzeitigen Stand des Wissens ist das Verständnis von Merkmalen einer „gesunden Stadtgestalt" aber lückenhaft (Schlicht 2017). Wo lohnt es anzusetzen, wenn alles, was plausibel erscheint, unmöglich in vertretbarer Zeit und bei akzeptablen Kosten realisierbar ist? Was verspricht zu wirken?

3.2 Komplexe Interventionen

Mit **Komplexen Interventionen** greifen Akteure (z. B. Kommunale Gesundheitsfachkräfte) von außen ein, um ein komplexes Problem zu lösen. Sie verwenden Programme, die mehrere Einzelkomponenten und -aktivitäten kombinieren. Sie verfolgen eine strategische Absicht, um einen problembehafteten Zustand zum Besseren zu verändern (Robert Koch-Institut und Bayerisches Landesamt für Gesundheit und Lebensmittelsicherheit 2012). Das kann der Zustand eines Individuums, einer Organisation (z. B. Betrieb) oder einer Umwelt (z. B. sozial depriviertes Stadtquartier) sein.

In der klinischen Praxis zählen Interventionen nach akutem Schlaganfall oder Diabetes-Edukationsprogramme zu komplexen Interventionen. Die Applikation eines Medikaments wird dagegen den einfachen Interventionen zugeordnet (Mühlhauser et al. 2011). In der Prävention und Gesundheitsförderung könnte zum Beispiel mit dem Ziel interveniert werden, die unzureichende Geh- und Begegnungsfreundlichkeit eines städtischen Quartiers zu erhöhen, um damit die

Inzidenz nicht-ansteckender Erkrankungen zu senken oder die Selbstständigkeit älterer Stadtbewohner und -bewohnerinnen zu erhalten.

Eine intensive Auseinandersetzung mit der Entwicklung und Evaluation komplexer Interventionen beginnt mit einer Veröffentlichung des Medical Research Councils (MRC) (Craig et al. 2008). Das MRC nennt vier Aspekte komplexer Interventionen:

- mehrere Akteure „bedienen" mehrere Interventions-Komponenten und -aktivitäten
- die Komponenten und Aktivitäten interagieren
- die Wirkungen sind variabel, emergent und unvorhersehbar
- die Dynamik des Zustands, in den eingegriffen wird, verlangt eine flexible Strategie.

Dass eine Intervention von mehreren Akteuren getragen wird und mehrere Einzelkomponenten und -aktivitäten nutzt, ist alleine noch nicht maßgeblich, um eine Intervention als „komplex" zu etikettieren. Maßgebend ist vielmehr die Kombination aller Elemente, die zu Zuständen führt, die sich in ihrer Wirkung nicht einfach nur addieren, sondern vielmehr **emergieren.** Sie bringen also etwas hervor, das nur unsicher respektive überhaupt nicht vorhergesagt werden kann. Noch dazu muss Emergenz nicht per se nur positive Wirkungen zeitigen; Wirkungen also, die im Sinne der Interventionsabsichten sind. Emergenz kann – in der Konsequenz – auch destabilisierend wirken (paradoxe Reaktion). Zu Beginn bewirkt körperliches Training für übergewichtige Personen beispielsweise eher Miß- denn Wohlbefinden und – werden Umfang und Intensität zu hoch angesetzt – den baldigen Abbruch des einmal begonnenen, gesundheitszuträglichen Verhaltens.

Multiplizität (Medizin), **Kontextsensitivität** (Gesundheitswissenschaften) oder **Komplexität** (Systemtheorie und Alternative Medizin) (Bödeker 2012) wird auch hin und wieder angeführt, um die Forderung nach Wirksamkeitsnachweisen einer Intervention als verfehlt zu zeihen. Argumentiert wird, jeder Fall sei so spezifisch, dass sich ein Vergleich mit einer generischen Kategorie verbiete; jeder Fall also so einzigartig, dass a priori gar nicht festgelegt werden könne, was Ursache und was Wirkung sei. Folgte man dieser (pessimistischen) Haltung, dann intervenierte man letztlich „absichtslos". Erst nach Eintreten einer Wirkung entschiede man über Absichten und Ziele. Stattdessen rückte das Handeln ins Zentrum. So ginge man aber nicht wissenschaftlich fundiert vor, sondern betriebe Intervention als Kunst, in der die begabten Meister und Meisterinnen von den unbegabten Dilettanten und Dilletantinnen geschieden werden. Ginge man so vor, bestätigte sich das eingangs zitierte Urteil von Tricket und Espino, nach dem in der Praxis mehr Theologie statt logischer Folgerung herrsche, mehr Dogma denn Daten gepflegt werde, Pragmatismus und Machbarkeit dominiere und Theoriebezüge fehlten.

Man könnte – wegen der Tatsache, dass die Resultate komplexer Interventionen unvorhersehbar sind – aus ethischen Bedenken sogar entscheiden, komplexe Interventionen gänzlich zu unterlassen (Wildner 2012). Das ist durchaus ein diskussionswürdiger Gedanke. Die Haltung in diesem *essential* ist differenzierter: Man muss Interventionen sogar unterlassen, wenn man der einem komplexen Problem immanenten Unsicherheit nicht durch ein systematisches Vorgehen begegnet und also zu Beginn der Intervention nicht zwingend festlegt, welche besonderen Wirkungen man anstrebt und wie sich das Vorgehen, mit dem diese Wirkungen erzielt werden sollen, auf der Grundlage aktueller wissenschaftlicher Erkenntnisse begründen lässt. Nichtstun löst komplexe Probleme nicht – aber unsystematisch vorgehen, das verbietet sich.

Erkenntnisse – Werkzeuge – Modelle

4

4.1 Vom Labor in die Praxis

Als wichtiges Qualitätsmerkmal des systematischen Vorgehens in Prävention und Gesundheitsförderung gilt, Intervention auf gesichertes Wissen zu gründen, also evidenzbasiert vorzugehen. Verlangt ist, nur solche Maßnahmen zu empfehlen und zu ergreifen, von denen die Wirkungen und Nebenwirkungen bekannt, deren Wirkungen reproduziert und deren Nebenwirkungen kontrolliert werden können. Auf jeden Fall schließt systematisches Vorgehen Voodoo- oder sonstigen Zauber, esoterische Heilsversprechen, Glaubensbekenntnisse oder Pseudowissen wie „Ortho-Bionomie" oder andere Heilslehren aus, aber auch Homöopathie, wenn sie vorgibt, kausal zu „heilen". Deren Wirkung ist unter den geltenden methodologischen Anforderungen an einen Wirkungsnachweis nicht belegt.

In der Wissenschaft werden verschiedene **Wissenstypen** unterschieden. Weder beanspruchen sie alle, dass man sie praxistauglich verwerten kann, noch eignen sie sich alle dazu. Zum einen gibt es Gesetzes- (nomologisches) oder **Bedingungswissen,** das mit theoretischen Konstrukten operiert. Das Wissen informiert über Zusammenhänge, die entweder deterministisch (wenn A, dann immer auch B) oder probabilistisch (wenn A, dann B mit der Wahrscheinlichkeit p) formuliert sind. Die Praxis braucht **technologisches** oder **Änderungswissen.** Solches Wissen informiert darüber, wie Zustände oder Prozesse herzustellen sind und kann über **technologische Regeln** anweisen, wie unter einer definierten Bedingung wirksam vorzugehen ist, will man einen definierten Endzustand erreichen (tue A, unter der Bedingung S, um B zu erreichen). Auch der technologische Wissenstypus und die aus diesem Wissen abgeleiteten Regeln können deterministisch (wenn A unter der Bedingung S getan wird, erzeugt man immer B) oder probabilistisch (wenn A unter der Bedingung S getan wird, erzeugt man B mit der Wahrscheinlichkeit p) formuliert sein.

W. Schlicht, *Gesundheit systematisch fördern,* essentials,
https://doi.org/10.1007/978-3-658-20961-2_4

Mit der Differenzierung der Wissenstypen und den Ableitungs-Bezügen von nomologischem und technologischem Wissen und technologischen Regeln haben sich u. a. Bunge (1976) in der Wissenschaftstheorie oder für die Klinische Psychologie Perrez (2005) befasst.

Wie gelangen Forschung und Praxis zu handlungsrelevantem Wissen für die komplexe Intervention in der Prävention und Gesundheitsförderung? In einem ersten Schritt kann technologisches Wissen in künstlich gestalteten Arrangements (Labor oder Feld) gewonnen werden. Alternative Einflussflaktoren, die neben den eigentlichen Wirkungsbedingungen ein angestrebtes Ergebnis bedingen, können dort kontrolliert werden. Der Königsweg ist das **echte Experiment.** Die maßgebliche Größe für dessen Güte ist die **interne Validität.** Echte Experimente gewinnen ihre Versuchspersonen (Vpn) zufällig aus einer Population und ordnen sie den verschiedenen Behandlungsmethoden (treatments) zufällig zu. Im Idealfall eines **randomisierten, kontrollierten trials** (RCT) wissen weder die Vpn noch die Experimentatoren, wer wie behandelt wurde (Doppelblind). Neben dem RCT existieren methodische Varianten (Quasi- Experimente), die allesamt die interne Validität verletzen.

Evidenzbasiertes Therapieren von Erkrankungen sollte an den Ergebnissen intern valider Studien orientiert sein. In der Alltagswirklichkeit lassen sich die kontrollierten Bedingungen des Experiments nicht herstellen. Für Interventionen in den Alltag definiert sich Güte und damit auch die Generalisierbarkeit von Studienergebnissen über die **externe Validität** einer Studie. Die Generalisierbarkeit fällt hoch aus, wenn es gelingt, die Wirklichkeit möglichst getreu abzubilden. Interne und externe Validität stehen im Widerstreit: Erhöht sich die eine, mindert das die andere.

Die **Implementierungs-** oder **Translationsforschung** setzt auf ein schrittweises Vorgehen, von Woolf (2008) gefasst als „from bench to bedside“ und „from bedside to community“, um alltagstaugliche Interventionen zu fundieren. Der erste Schritt ist für den Wirksamkeitsnachweis von Medikamenten typisch. Haben sie sich am „Labortisch“ (bench) – etwa am Mausmodell – bewährt, werden sie anschließend in klinischen Studien unter kontrollierten Bedingungen an ausgewählten Patienten und Patientinnen (bed) getestet. Der zweite Schritt wird (ähnlich) in Interventionsstudien zur Prävention und Gesundheitsförderung gegangen. An einer ausgewählten Stichprobe wird ein Interventionsprogramm in einem kontrollierten Umfeld auf seine Wirksamkeit getestet. Erst nachdem sich das Programm unter den kontrollierten Bedingungen bewährt hat, wird ihm Tauglichkeit für ähnliche Probleme in der Population (community) attestiert.

Lobb und Colditz (2013) haben vier Schritte (S1 bis S4) unterschieden, an denen sich unterschiedliche Akteure beteiligen, um vom „Labor“ zu evidenzbasiertem Intervenieren in der Praxis zu gelangen. Von gesichertem wissenschaftlichen Wissen ausgehend, übersetzen Gesundheitswissenschaftler/innen die Erkenntnisse zunächst (S1), um in **Wirksamkeitsstudien** experimentell oder in Fallstudien nachzuweisen, dass eine Interventionskomponente außerhalb des Labors wirkt (efficacy). In S2 testet technologische Forschung dann in **Alltagswirksamkeitsstudien** den Nutzen (effectiveness) des technologischen Wissens für bevölkerungsweite Interventionen, und nutzt Meta-Analysen und systematische Überblicksartikel, um Leitlinien für wissenschaftlich fundierte Interventionen zu formulieren. In S3 folgen **Disseminationsstudien** mit der Absicht, Strategien zu fundieren, die taugen, in S2 geschaffenes Wissen und dort entwickelte Leitlinien in der Interventionspraxis zu nutzen. Abschließend (S4) testet Disseminations- und Implementierungsforschung gemeinsam mit Akteuren der Praxis die **Alltagstauglichkeit** evidenzbasierter Interventionen und Strategien im realen Alltag.

Das National Institute of Health (NIH) der USA unterscheidet ähnlich, zwischen Forschung, die der **Dissemination** dient und Forschung, die der **Implementierung** dient. Disseminationsforschung will beantworten, auf welchen Wegen und mit welchen Methoden evidenzbasierte Informationen in die Praxis gelangen und sucht nach dem bestmöglichen Weg, damit sich Praxishandeln an aktuellen wissenschaftlichen Erkenntnissen orientiert (z. B. Turner et al. 2017). Implementierungsforschung sucht herauszufinden, welche Intervention bei einer gegebenen Ausgangssituation den größten Erfolg verspricht (z. B. Proctor et al. 2011).

Zeitschriften, die der Disseminations- und Implementierungsforschung gewidmet sind, wie **Implementation Science** und auch Websites wie www.ssehsactive@lboro.ac.uk; letzter Zugriff: Dezember 2017) liefern praxisrelevante Informationen. Die Suche nach alltagswirksamen und alltagstauglichen Interventionen ist in der Praxis dennoch beschwerlich.

4.2 Planungswerkzeuge

Leichter zu finden als alltagswirksames und -taugliches Wissen sind Planungswerkzeuge und Interventionstechniken. **PRECEDE-PROCEED** von Green und Kreuter (1991) oder **Intervention Mapping** (IM) von Bartholomew et al. (2011) sind (nur) zwei bewährte Werkzeuge, denen gemeinsam ist, dass sie den im ersten Kapitel genannten Planungszyklus zugrunde legen, der mit der Bedarfsanalyse beginnt und mit der Feststellung einer Wirkung endet. In ihrer Logik adressieren Planungswerkzeuge in S1 bewährte **Mechanismen** (auch als Determinanten bezeichnet), die einen unerwünschten Ausgangszustand in einen erwünschten Endzustand überführen.

Hilfreich für die Praxis sind neben Planungs- auch Interventionswerkzeuge wie das **Behavior Change Wheel** (BCW) von Michie et al. (2011). Mit diesen

Werkzeugen lassen sich jene Elemente einer Intervention zusammenstellen, die riskantes Verhalten ändern will. Das BCW ordnet Policy-Kategorien (z. B. Steuer auf Nahrungsmittel), Interventionskomponenten (z. B. Edukation) und Verhaltensmechanismen (z. B. Motivation). Die Alltagstauglichkeit des BCW wird u. a. von Porcheret et al. (2014) gelobt. Aber, es erfordert substanzielle gesundheitspsychologische Kenntnisse, um Verhaltensänderungstechniken so anzuwenden, dass Interventionen der **APEASE-Regel** folgen (Michie et al. 2014): Affordability, Practicability, Effectiveness/cost effectiveness, Acceptability, Side effects/ Safety, and Equality. Nach Michie et al. (2013) existieren mehr als 90 Behavior Change Techniken (BCT). Erklärt werden sie u. a. in einer iPhone-App (https://itunes.apple.com/de/app/bct-taxonomy/id871193535?mt=8).

Ein weiteres Interventionswerkzeug stammt aus der eigenen Arbeitsgruppe (Hansen et al. 2017). Auch dieses **Matrix Assisting Practitioner's Intervention–Planning Tool** (MAP-IT) wurde entwickelt, um Praktikern zu ermöglichen, theoriegeleitete und empirisch bewährte Interventionskomponenten und -techniken sachgerecht zu kombinieren.

4.3 Logisches Modellieren

Die oben genannten Werkzeuge suchen Impact, Absichten, Ziele und Maßnahmen (Komponenten und Techniken) einer Intervention schon im Planungsentwurf zu verknüpfen und in den weiteren Prozessschritten zu überwachen. Dazu haben sich **Logische Modelle (LM)** bewährt, die (auch) grafisch aufbereitet werden und veranschaulichen, ob potenzielle Determinanten eines erwünschten Systemzustands (Absicht und impact) in einer logischen „Antezedenz-Konsequenz-Ordnung" stehen (a führt zu b, b zu c usw.). Das grundlegende Schema eines LM ist in der Abb. 4.1a gezeigt. In der Fachsprache des logischen Modellierens gilt es, **input, output, outcome** und **impact** zu verknüpfen.

LM zwingen Fragen zu beantworten, die eine Intervention vom „Ende her denken" (Abb. 4.1b).

1. „Welcher Zielgruppe gilt die Intervention (target)?"
2. „Wie ist der derzeitige Status der Zielgruppe (Bedarf)?".
3. „Was wird anders sein (impact), wenn die Absichten realisiert wurden?"
4. „Welche Komponenten und Aktivitäten eignen sich, um Ziele zu realisieren, die Absichten verwirklichen?"
5. „Was wird an finanziellen und personellen Ressourcen benötigt und welche stehen zur Verfügung, um die Maßnahmen professionell (Wissen und Können) umzusetzen?"

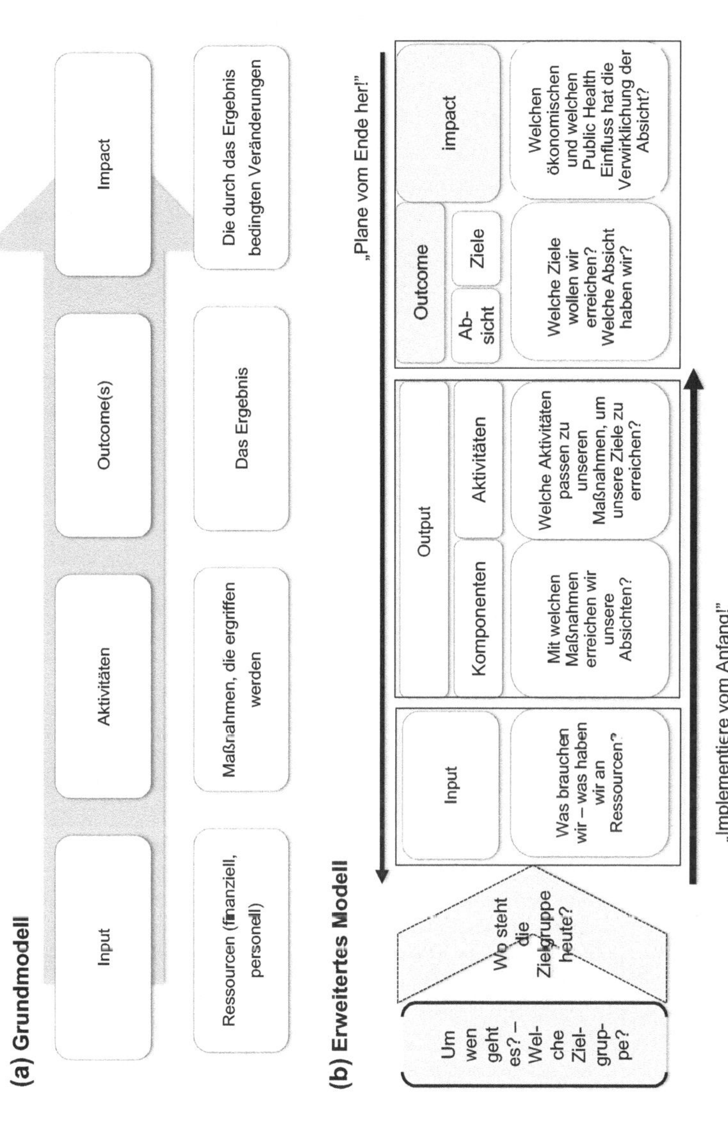

Abb. 4.1 Logische Modelle

Im logischen Modellieren wird eine eigene Terminologie verwendet (siehe auch Kap. 5). Bedarfe definieren die Erfordernis, Ressourcen zu nutzen (input), um mit Komponenten und dazu passenden Aktivitäten einen Zustand eines Systems (Person und/oder Umwelt) so zu beeinflussen (output), dass ein erwünschter Endzustand (outcome) erreicht wird. Ziele tragen zur Verwirklichung von Absichten bei. Beide sind outcomes, die einen Public Health impact bewirken.

Die Konsistenz eines LM kann anhand der Fragen in Tab. 4.1 beurteilt werden.

Interventionen sind häufig als Projekte angelegt, die es zu steuern gilt, um Absichten und Ziele nicht aus den Augen zu verlieren und Ressourcen sachgerecht und effizient einzusetzen. Das kann nach starren Regeln erfolgen, in denen jeder einzelne Projektschritt vor Beginn des Projekts definiert wird, terminiert wird und ihm Ressourcen zugeordnet werden.

Das Management von komplexen Interventionen kann aber auch mit größerer Flexibilität, nach der Logik von **Scrum** oder dem **agilen Projektmanagement** funktionieren. Scrum steht für ‚Gedränge', ein Begriff der im Rugby-Sport für

Tab. 4.1 Beurteilung der Konsistenz eines Logischen Modells

Ist das Modell …	Frage …
Aussagekräftig?	• Sind Absichten und Ziele, die wertgeschätzt werden und die den personellen und finanziellen Aufwand lohnen, definiert? • Sind Bedarfe nach bestem wissenschaftlichen Wissen durch die vorgesehenen Maßnahmen zu decken? • Wurden mögliche Nebeneffekte kalkuliert?
Plausibel?	• Sind Maßnahmen, Absichten und Ziele eindeutig als solche definiert? • Sind alle Elemente des LM in einer logischen Antezedenz-Konsequenz-Ordnung verknüpft?
Machbar?	• Sind die Maßnahmen mit den verfügbaren Ressourcen (Geld, Fertigkeiten, Fähigkeiten, Bereitschaft der Organisation und Motivierung des Personals) im erforderlichen Umfang und mit der erforderlichen Professionalität umzusetzen? • Können externe Einflüsse soweit kontrolliert werden, dass diese die Umsetzung nicht stören oder gar verhindern? • Wurden die Interessen von Stakeholdern[a] bedacht?
Überprüfbar?	• Sind die Elemente der Intervention (vor allem die Absichten und Ziele) messbar definiert?
Sparsam?	• Können die vorhandenen Ressourcen effizient eingesetzt werden?

[a]Stakeholder sind Personen, die eine Intervention erleichtern oder behindern können.

eine Spielertraube verwendet wird, die sich immer dann bildet, wenn ein Spiel unterbrochen war und erneut startet. Scrum und agiles Projektmanagement setzen ein professionelles Expertenteam voraus. Sie definieren Rollen (z. B. Scrum-Master). Die Mitglieder des Teams sind während des Prozesses in einem täglichen Austausch, um anstehende Aufgaben so abzustimmen, dass das Endprodukt erreicht wird. Detailplanungen umfassen lediglich kurze zeitliche Intervalle (sogenannte Sprints).

5 Bedarfe – Absichten – Ziele – Impact

5.1 Bedarfe – Bedürfnisse

Wird die Feuerwehr zu einem Brand oder Unfall gerufen, verschafft sich die Leitstelle zunächst einen Überblick über die „Lage". Sie ermittelt den Bedarf an Feuerwehrleuten, Notärzten und Geräten, fragt: „Gibt es Verletzte, sind Menschen vom Feuer eingeschlossen, wird Atemschutz, werden lange oder kurze Leitern, wird schweres Gerät, wird Löschwasser oder chemisches Löschmittel benötigt?" Keine verantwortlich handelnde Person rückt einem Hochhausbrand mit einem Haushaltsfeuerlöscher zu Leibe und beim Brand einer Gartenhütte bleibt die Drehleiter im Depot, obgleich man sie gerade angeschafft hat und das Bedürfnis verspürt, sie im Ernstfall zu erproben. Nur weil man eine bestimmte Technik beherrscht, wendet man sie nicht überall an.

Was der Feuerwehr recht ist, sollte der Präventions- und Gesundheitsförderungspraxis billig sein. Statt Bedürfnisse müssen Bedarfe das Handeln bestimmen. In den Wirtschaftswissenschaften sind Bedarfe Bedürfnisse, die mit Kaufkraft versehen sind. Da verspürt also eine Person das Bedürfnis, ein Produkt zu kaufen und verfügt über die Mittel, es zu erwerben. Dann besteht eine Produktnachfrage. Passender als eine ökonomische ist für die Prävention und Gesundheitsförderung eine psychologisch fundierte Begriffsbestimmung.

In der Psychologie sind **Bedürfnisse** als (überdauernde) Verhaltenszustände definiert, die einen Wunsch, manchmal auch ein heftiges Drängen nach Verwirklichung ausdrücken (needs) und zur Grundlage von überdauernden Verhaltensneigungen (Motiven) werden. Sie erscheinen als Mangel- (z. B. bei Hunger oder Durst) oder als Wachstumsbedürfnisse (z. B. bei dem Wunsch nach Selbstbestätigung). Sie sind unabhängig davon, ob die Person über Mittel verfügt, sich den Wunsch zu erfüllen.

W. Schlicht, *Gesundheit systematisch fördern*, essentials,
https://doi.org/10.1007/978-3-658-20961-2_5

Menschen haben nicht zwingend das Bedürfnis (hier verstanden als emotional gefärbter Wunsch) ihr Alltagsleben so zu ändern, dass jedwedes Risiko einer nicht-ansteckenden chronischen Erkrankung substanziell gemindert wird. Ausgelöst durch eine Symptomatik, die das Risiko einer ernsthaften Erkrankung indiziert oder durch ein kritisches Lebensereignis (z. B. Schwangerschaft), könnte aber der Wunsch keimen, etwas oder sich zu ändern, um die drohende Erkrankung abzuwenden. Ohne derartige **„teachable moments“** leben die meisten Menschen, ohne sich ständig Gedanken um ihr riskantes Verhalten zu machen. Sie sind vielmehr erfindungsreich darin, **optimistische Fehlschlüsse** zu begehen („ … mir wird schon nichts passieren“). Bedürfnisse sind deshalb – anders als Bedarfe – keine verlässliche Ausgangsbasis einer systematischen Intervention.

Bedarfe sind objektive, quantifizierbare Größen eines unerwünschten Zustands – unabhängig von den subjektiven Bedürfnissen einer Person. Wenn die GBD 2015 Obesity Collaborator Group (2017) feststellt, dass die Zahl der übergewichtigen und fettleibigen Menschen weltweit steigt und dadurch Millionen von Menschen erkranken und vorzeitig versterben; wenn Lange und Finger (2017) im Gesundheitsbericht für Deutschland feststellen, dass der unzureichende Frucht- und Gemüseverzehr vor allem jüngerer Menschen und der wiederholte monatliche Konsum von sechs und mehr alkoholischen Getränken zu einer Gelegenheit bei Frauen und Männern ein ernsthaftes gesundheitliches Risiko bedingen, definieren riskanter Alkoholkonsum und unzureichender Frucht- und Gemüseverzehr einen Bedarf.

Ein Bedarf markiert den Beginn einer systematischen Intervention in das Verhalten von Personen oder in die Beschaffenheit von Prozessen und Strukturen einer Lebenswelt. Informationen über Bedarfe sind allerdings nur schwer zu erhalten. Eine Quelle sind die Gesundheitsberichte des Robert Koch Instituts, die aber nicht für untere Verwaltungsebenen (z. B. Landkreise, Kommunen) oder gar für definierte Lebenswelten (z. B. Quartiere einer Kommune, Kindergarten eines Ortes) vorliegen. Da nicht angenommen werden kann, dass das, was bundesweit gilt, auch regional den Bedarf ausmacht, und dass das, was für die Gesamtbevölkerung feststeht, einzelne Bevölkerungsgruppen ebenfalls betrifft, weil gesundheitliche Risiken sozial-räumlich ungleich verteilt sind (Böhme und Bunge 2016), enthalten die Berichte nur Orientierungen, um über den Zustand einer Bevölkerung und das Verhalten einzelner Bevölkerungsgruppen (z. B. junge versus alte Menschen; Frauen versus Männer) zu mutmaßen. Die Berichte können eine Bedarfserhebung leiten, die mit den üblichen sozialwissenschaftlichen Methoden (Befragung, Interview, Fokusgruppe etc.) die „Lage vor Ort“ detaillierter beschreibt. Auch Daten der Gesetzlichen Krankenkassen informieren über den Bedarf auf der Basis von ärztlichen Diagnosen, Krankenhauseinweisungen, Inanspruchnahme von Check-ups, Impfungen etc.

Bedürfnisse sind in der Konzipierung einer Intervention zwar nachgeordnet, deswegen aber nicht unbedeutend. Eine Kampagne, die Bedürfnisse von Adressaten ignoriert, wird scheitern. In einem **partizipativen Vorgehen** (Unger von et al. 2007), das die Betroffenen zu Beteiligten macht, sollten Interventionen die negative (frei von Zwängen) und positive Freiheit (frei zu entscheiden) ihrer Adressaten bedenken und sich auf eine ‚libertäre' Grundhaltung verpflichten. Interventionen bieten ihren Adressaten an, sich gesundheitsförderlich zu verhalten. Sie vermeiden ‚healthism' (Kühn 1993), der den Einzelnen – unabhängig von seiner sozialen Lage – zu einem Verhalten zwingt oder ihn mit erhobenem Zeigefinger (paternalistisches Vorgehen) dazu nötigt.

5.2 Absichten, Ziele und Impact

Interventionen verfolgen über Komponenten und Aktivitäten (outputs) Ziele und Absichten (outcomes), die sich in einer veränderten, stabilen Gesundheit einer Person, einer Gruppe oder der gesamten Bevölkerung, als sinkende Krankheits- und/oder ökonomischen Last zeigen (impact). Vom Bedarf ausgehend, der eine unerwünschte Ausgangslage indiziert, wird ein erwünschtes Ergebnis unter möglichst effizientem Einsatz von finanziellen und personellen Ressourcen angestrebt. Zugleich sollen unerwünschte (Neben-)Effekte vermieden werden.

Der Begriff „Ziel" kann im Deutschen mehrdeutig verwendet werden. Im Englischen wird zwischen „objective" und „aim" unterschieden, die im Deutschen ihre ungefähre Entsprechung in den Begriffen **Zweck/Absicht** und **Ziel** haben. Diese Unterscheidung ist wichtig. Sie wird zusätzlich durch den Begriff **Impact** (Auswirkung) komplettiert. Warum ist das wichtig? Hierzu ein Beispiel: Im Präventionsleitfaden der Gesetzlichen Krankenkassen (GKV-Spitzenverband 2010) wird als eines unter mehreren „Präventionsprinzipen" gefordert, den Bewegungsmangel zu reduzieren. Aus Sicht der Implementierungsforschung ist das ein Ziel (das Volumen der körperlichen Aktivität erhöhen), das gleich mehreren Zwecken dienen kann (z. B. Inzidenz des Diabetes Typ 2 oder der koronaren Herzerkrankung senken).

Für das systematische Vorgehen müssen Ziele hierarchisch geordnet werden. Ein Vorschlag lautet, die englischsprachigen Begriffe objective und aim zu übernehmen und als **Zweck/Absicht** und **Ziel** zu benennen und für die „Gesundheitsziele" des Bundes und der Länder den Begriff **Ideale** zu verwenden. Ziele sind Zwecken/Absichten untergeordnet, um eben diese Zwecke/Absichten zu erreichen. Die Zwecke/Absichten wiederum sind den Idealen untergeordnet. Im Ergebnis wirkt eine erfolgreiche Intervention auf die Gesundheit einer Gruppe oder der Gesamtbevölkerung ein. Sie erzeugt damit einen **impact.**

Das Vermeiden einer Neuerkrankung oder von vorzeitigem Versterben sind Zwecke/Absichten, denen Verhaltensziele, wie ausgewogen und vitaminreich ernähren oder täglich 30 min spazieren gehen, dienen können. Werden die Zwecke/Absichten realisiert, dann wirkt sich das (impact) ökonomisch in reduzierten Behandlungskosten und/oder in einer Reduktion von **In Krankheit verbrachten Lebensjahren** (Disability Adjusted Life Years: DALYs) oder dem Zugewinn an **Gesunden Lebensjahren** (Quality adjusted life years: QALYs) aus. Die Abb. 5.1 verdeutlicht den Zusammenhang.

Im Verlaufe eines Lebens gibt es immer wieder – und nahezu unvermeidlich – Phasen des Missbefindens und der Erkrankung, die sich zwischen Phasen des Wohlbefindens und der Gesundheit schieben. Mit zunehmendem Alter drohen nicht-ansteckende Erkrankungen (z. B. Koronare Herzerkrankung), die chronisch belasten und unbehandelt und unkontrolliert zum vorzeitigen Versterben führen können. Die Ideale präventiver und gesundheitsförderlicher Intervention sind mit den „Gesundheitszielen" des Bundes und der Bundesländer benannt: Gesund rund um die Schwangerschaft, gesund aufwachsen, gesund altern etc. Um diese

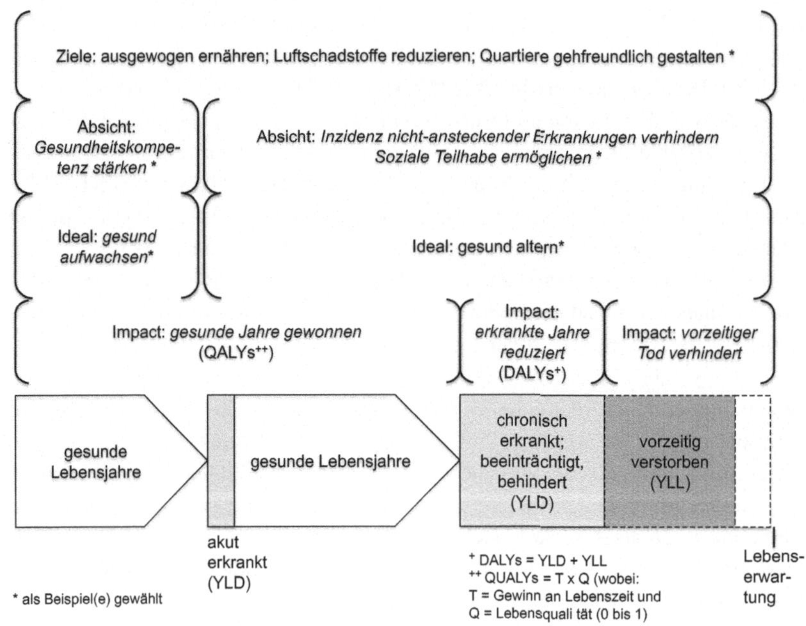

Abb. 5.1 Ursache-Wirkungs-Kette

Ideale zu erreichen, adressieren Interventionen das Verhalten (z. B. nichtrauchen, aktiv sein, sich ausgewogen ernähren etc.) oder gestalten Umwelten (z. B. unterstützende Nachbarschaft etc.). Greifen die Maßnahmen, wirkt sich das auf den Einzelnen und die Bevölkerung aus. Die Zahl der in Gesundheit verbrachten Jahre (QALYs) nimmt zu, die Zahl der mit Krankheit belasteten Jahre (DALYs) ab und vorzeitiges Versterben wird verhindert.

Die Verlängerung des Lebens um gesunde Jahre wird in der Gesundheitsforschung unter dem Stichwort „Morbiditätskompression" diskutiert (Fries et al. 2011). Kreft und Doblhammer (2016) zeigen, dass Deutschland eine Kompression der pflegebedürftigen Jahre erwarten kann. Jahre, die frei von Pflegebedürftigkeit sind, variieren von Landkreis zu Landkreis. Bedingt wird die Variabilität zwischen den Landkreisen durch die **Morbidität.** Sie ist durch Bevölkerungsselektion und Versorgungsstrukturen ungleich zwischen den Landkreisen verteilt. Diese strukturell bedingte Ungleichheit ist ein starkes Argument für mehr Prävention und Gesundheitsförderung.

Mit Zielen und deren handlungsleitender Formulierung haben sich in der Psychologie mehrere Autorengruppen befasst. Ziele sind Endzustände, die über die Auswahl von Komponenten, Handlungen und anschließenden Bewertungen entscheiden. Bei länger andauernden Interventionen und der Kombination von mehreren Komponenten und Handlungen sind **Zielbindungen** entscheidend für ein fortwährendes Bemühen, eine Absicht zu erreichen. Untersuchungen im Kontext der Arbeits- und Organisationspsychologie haben gezeigt, wie bedeutend Zielsetzungen für das Ergebnis von Arbeitsprozessen sind (Locke und Latham 1990). Demnach müssen Ziele herausfordern und präzise formuliert sein. Marvin Gaye sang: *„ain't no mountain high enough"*. Ehrgeizige Ziele führen zu erhöhter Anstrengung und größerer Beharrlichkeit in der Zielverfolgung, wenn sie handlungsleitend formuliert sind. Als Orientierung, um Ziele handlungsleitend zu formulieren, hat sich das Akronym **SMART** bewährt (siehe Tab. 5.1).

Neben SMART gibt es alternative Akronyme an denen sich Zielformulierungen orientieren können: Aussagefähig, Realistisch, Objektiv, Messbar, Annehmbar (AROMA).

Im Kontext von Prävention und Gesundheitsförderung definieren erwünschte Endzustände häufig mehrere Absichten zugleich. Für die Individualprävention hat sich in der Beurteilung der Wirksamkeit komplexer Interventionen mit multiplen Zielen und Absichten ein Verfahren bewährt, das ursprünglich von Kirusek und Sherman (1968) vorgeschlagen wurde und in Qualitätsoffensiven wie dem Schweizer „quint-essenz" verwendet wird (www.quint-essenz.ch; letzter Zugriff: Dezember 2018). Das **Goal Attainment Scaling** (GAS) folgt im ersten Schritt der oben bereits eingeforderten Logik. Ziele und Absichten werden konkret, unter

Tab. 5.1 SMART

Der Buchstabe	Steht für …
S	Spezifisch, signifikant, simpel
M	Messbar, motivierend
A	Attraktiv, ansprechend, achievable (erreichbar)
R	Realistisch, relevant
T	Terminiert, tangibel

Tab. 5.2 Kriterien der Indikatoren-Festlegung (siehe auch www.quint-essenz.ch)

Buchstabe…	Steht für …	Und bedeutet …
Z	Zentrale Bedeutung	Der Indikator muss mit dem Ziel in einer logischen und augenscheinlich plausiblen Verbindung stehen; valide
W	Wirtschaftliche Messung/Erfassung	Der Indikator muss mit einem vertretbaren Aufwand messbar sein; ökonomisch
E	Einfache Erhebung/Messung	Der Indikator sollte mit einfachen Messmethoden erfassbar sein; einfach
R	Rechtzeitige Messung/Erfassung	Der Indikator muss zu einem Zeitpunkt vorliegen, der über den Erfolg informiert; zeitgerecht
G	Genaue Erhebung/Messung	Der Indikator bildet das Resultat zuverlässig ab; reliabel

Verwendung der SMART- oder der AROMA-Vorgaben, formuliert. Anschließend werden für jedes Ziel **Indikatoren** definiert, anhand derer beurteilt werden kann, in welchem Ausmaß die Ziele realisiert wurden. Auch für die Festlegung der Indikatoren gibt es eine Empfehlung, die unter dem Akronym ZWERG firmiert (siehe Tab. 5.2).

Die Ausprägung jedes einzelnen Indikators wird skaliert. Verwendet werden kann eine fünfstufige Skala: –2 „viel weniger als erwartet", –1 „weniger als erwartet", 0 „wie erwartet", +1 „mehr als erwartet", +2 „viel mehr als erwartet". An diesem Schritt des Vorgehens wird die Person, deren Verhalten geändert werden soll, aktiv beteiligt. Durch die Skalierung wird das Interventionsergebnis in eine zufallsverteilte Variable transformiert mit „0" als Erwartungswert x_i und „1" als Standardabweichung. Über mehrere Rechenschritte gelangen Kirusek und Sherman zu einem „standardisierten zusammengesetzten Goal Attainment Score", der ausdrückt, in welchem Grad die multiplen Absichten oder Ziele erreicht wurden.

Tab. 5.3 Fiktives Beispiel einer einfachen GAS

Score	Bewertung der Zielerreichung	
–2	4 % vom Ausgangsgewicht verloren	100 min moderat intensiv
–1	6 % vom Ausgangsgewicht verloren	120 min moderat intensiv
0	8 % vom Ausgangsgewicht verloren	150 min moderat intensiv
+1	10 % vom Ausgangsgewicht verloren	170 min moderat intensiv
+2	12 % vom Ausgangsgewicht verloren	180 min moderat intensiv

In einer vereinfachten Variante können die Bewertungen der einzelnen Indikatoren zu einem „einfachen Summenscore" oder auch zu einem „gewichteten Summenscore" zusammengefasst werden. Für den „gewichteten Score" werden die Indikatoren zunächst in ihrer Bedeutung für den Maßnahmenerfolg gewichtet (z. B. ein Indikator ist halb so, ein anderer doppelt so wichtig oder x-fach wichtiger als ein Referenzindikator). Ein Beispiel einer GAS – mit einer fiktiven Intervention, die beabsichtigt, das Risiko zu senken an Diabetes Typ 2 zu erkranken – ist in Tab. 5.3 illustriert. Herausgehoben sind dort 8 % Gewichtsverlust im Zeitraum von 12 Wochen und das Steigern der körperlichen Aktivität auf 150 min pro Woche in moderater Intensität.

Den Erfolg einer Intervention abschließend zu beurteilen, ist mit einem Problem belastet, das Thorndike (1949) als **ultimate criterion problem** beschrieben hat und das jegliche Wirkungsprüfung fundamental betrifft: Die Wirkung einer Intervention kann endgültig erst dann beurteilt werden, wenn der Mensch oder die Organisation, auf die eine Maßnahme einwirkt, nicht mehr besteht. Ob tatsächlich verhindert wurde, dass Menschen vorzeitig verstorben sind, lässt sich erst feststellen, wenn sie bereits verstorben sind. Wird zu früh gemessen und auf der Grundlage dieser Ergebnisse über die Wirksamkeit einer Maßnahme geurteilt, dann sind Fehlurteile wahrscheinlich. Das ultimate criterion problem verlangt Übereinkünfte, wie Zwischenziele zu bewerten sind, die das Erreichen des/der endgültigen Zwecks/Absicht indizieren.

Evaluation

6

6.1 Evaluationstypen

Zum Schluss wird abgerechnet, weil es auf das ankommt, was am Ende herausgekommen ist? Ganz so einfach ist es mit der Evaluation als dem abschließenden Element im Planungszirkel einer Intervention dann doch nicht. Wird eine Intervention an ihren erreichten Absichten oder am Impact beurteilt, wurde **summativ** evaluiert. Will man nicht bis zum Ende warten, sondern bereits während der Intervention Daten erfassen, um steuernd einzugreifen – falls Abweichungen vom Plan erkennbar werden und die Zielerreichung gefährdet erscheint – liegt eine **formative Evaluation** vor.

Wissenschaftliche Evaluation ist ein Vorgang des Bewertens, der wissenschaftliche Methoden systematisch nutzt, um zu einem Urteil zu gelangen (Rossi et al. 2004; Bank und Lames 2010). Das Urteil betrifft nicht alleine das Produkt, also das (End-)Ergebnis einer Intervention. Evaluiert werden kann bereits das Konzept. Auch der Prozess und der Kontext (die personellen und materiellen Strukturen) können Gegenstand einer Evaluation sein, weil Prozesse und Strukturen ein Interventionsergebnis entscheidend beeinflussen.

Die wissenschaftliche Literatur unterscheidet drei (wesentliche) Evaluationstypen: 1) **methodenorientierte,** 2) **nutzenorientierte** und 3) **bewertungsorientierte Evaluation,** denen sich passende Methoden zuordnen lassen (Schlicht und Zinsmeister 2015).

Die Verfasser des **methodenorientierten Typus** rücken Verfahren und Methoden in den Mittelpunkt, die geeignet sind, valide und zuverlässig über die Wirkung einer Intervention zu informieren. Sie wollen die Güte der Intervention beurteilen und orientieren sich an der internen Validität, die im echten Experiment, dem Königsweg der Wirkungsanalyse, den höchsten Grad erreicht. In einer **Theory-Driven Evaluation**, die zu diesem Typus gehört, beschreibt und nutzt

W. Schlicht, *Gesundheit systematisch fördern*, essentials,
https://doi.org/10.1007/978-3-658-20961-2_6

ein Evaluator wissenschaftliches und/oder Expertenwissen und formuliert eine **Programmtheorie.** Diese enthält Wissen über Mechanismen, die sich bei vorangegangenen, einschlägigen Interventionen als wirksam erwiesen haben. Die Kriterien und Messoperationen der Evaluation werden an der Programmtheorie orientiert. Dieses Vorgehen soll beantworten, ob und wie stark eine Intervention und warum sie gewirkt hat.

Mit der **nutzenorientierten Evaluation** (Utilization Focused Evaluation) soll geklärt werden, wer unter welchen Bedingungen einer Intervention von der Wirkung in welcher Weise profitiert hat. Damit die Antwort auch die Erwartungen der Stakeholder trifft, werden diese in den Evaluationsprozess frühzeitig einbezogen. In diesem Typus hat sich das ‚Context, Input, Process und Product Modell (CIPP)' von Stufflebeam und Shinkfield (2007) bewährt. Der Kontext und der Input umfassen die Bedingungen der Intervention, das Konzept, die Struktur, die Ressourcen (Income) und die Investitionen (Input), die kritisch hinterfragt werden, ob sie ausreichend sind, um den Interventionserfolg (Produkt) zu sichern. Der Prozess beschreibt die Programmdurchführung mit allen Maßnahmen und Aktivitäten. Auch im CIPP-Modell werden die Interessen der Stakeholder bereits in der Interventionsplanung berücksichtigt. Im Internet stehen unter www.betterevaluation.org/resource/guide/UFE_checklist (letzter Zugriff: November 2017) Materialien zur Verfügung, die eine nutzenorientierte Evaluation unterstützen.

Im **bewertungsorientierten** Typus rückt der Interventionsprozess in den Vordergrund. Dieser soll so transparent gestaltet werden, dass alle Beteiligten und Stakeholder über ein Höchstmaß an Informationen verfügen, um sachgerecht zu entscheiden. Als prominente Form des bewertungsorientierten Typus gilt die **Fourth Generation Evaluation** von Guba und Lincoln (1989). Sie folgt der konstruktivistischen Erkenntnislehre (Epistemologie), die annimmt, dass Wirklichkeit sozial konstruiert ist. Demnach haben alle, die von einer Intervention betroffen oder daran beteiligt sind, eine eigene Vorstellung davon, was die Intervention bewirken soll. Aufgabe des Evaluators ist es, die verschiedenen „Programmwirklichkeiten" offenbar zu machen, den Planungsprozess zu moderieren und dafür zu sorgen, dass eine **gemeinsam geteilte Wirklichkeit** entsteht. Genutzt werden qualitativ-methodische Verfahren und passende Instrumente (Interviews, Fokusgruppen, Delphimethoden etc.), mit denen herausgearbeitet wird, in welchen Erwartungen Betroffene und Beteiligte übereinstimmen und wo sie in der subjektiv gedeuteten Programmwirklichkeit differieren. Der Evaluator richtet weder, noch kontrolliert er, indem er eine Interventionswirkung feststellt und den Nutzen beurteilt. Vielmehr ist er „Verbündeter" der Stakeholder und Betroffenen. Als neutraler Moderator des Interventionsprozesses sorgt er dafür, dass alle Interessen artikuliert werden und arbeitet daran, ein gemeinsames, von allen geteiltes Interesse zu entwickeln.

Für die Implementierungsforschung und die Praxis der Gesundheitsförderung haben Glasgow et al. (1999) mit **RE-AIM** einen Ansatz vorgeschlagen, um über die Wirkung hinaus auch den impact einer Intervention zu beurteilen. RE-AIM ist ein Akronym, dessen Initialen für **R**each, **E**fficacy, **A**dopt, **I**mplementation und **M**aintenance stehen. Im RE-AIM Ansatz wird bewertet, ob eine Intervention jene Personen erreicht hat, die einen Bedarf hatten (Reach), ob, wie (positiv und negativ) und wie stark die Intervention bei diesen Personen gewirkt hat (Efficacy), von wie vielen Organisationen und von welchen sie angenommen respektive übernommen wurde (Adopt), in welchem Umfang sie außerhalb eines begleiteten Interventionsprojektes in der realen Lebenswelt so, wie intendiert und geplant, durchgeführt wurde (Implementation) und schließlich, ob sich das Verhalten der Personen – die sich den Maßnahmen „unterzogen" haben – und die Strukturen und Prozesse des Systems – in das interveniert wurde – nachhaltig verändert haben (Maintenance).

Die Interventionspraxis wird ohne Beteiligung von Evaluationsexperten und -expertinnen nicht in der Lage sein, eine wissenschaftliche Evaluation ohne Qualitätseinbußen durchzuführen. Die methodischen Herausforderungen sind erheblich, wie in der Abb. 6.1 gezeigt.

Das Schema unterscheidet den Denkmodus (von analytisch bis intuitiv), den Grad der Manipulation der Wirklichkeit (von gering bis extrem), das Konfliktpotenzial mit dem über die Bewertung von Resultaten gestritten werden könnte (von hoch bis gering) und die Machbarkeit einer Methode in der Praxis (von nicht machbar bis gut machbar). Ein bestimmtes methodisches Vorgehen (z. B. Konsensuskonferenz) wird in den Raum eingeordnet, der durch die Kriterien begrenzt wird.

Soll evaluiert werden, wie stark eine Intervention wirkt, dann bietet sich eine methodenorientierte Evaluation an. Sie orientiert sich an einer hohen internen Validität des methodischen Vorgehens, um zuverlässig zu urteilen, dass beobachtete Wirkungen auf Interventionseinwirkungen beruhen und nicht durch weitere, unbekannte Einflüsse zustande gekommen sind. Das echte Experiment ist das ideale Vorgehen. Die Wirklichkeit wird damit aber maximal manipuliert. Die experimentell gewonnenen Befunde lassen aber keinen Interpretationsspielraum zu (niedriges Konfliktpotenzial). Das Vorgehen ist analytisch. Experimentieren ist methodisch höchst anspruchsvoll im Design und in der statistischen Analyse der Daten.

Sollen alle Stakeholder „mitgenommen" oder jene Bedingungen erfasst werden, die einen Transfer der Interventionsmaßnahme auch auf andere Lebenswelten oder unter anderen Umständen zulassen, dann sind bewertungs- oder nutzenorientierte Evaluationen eine passende Wahl. In beiden Modellen ist die ökologische oder externe Validität der Gütemaßstab. Die Komplexität des Interventionsgeschehens soll möglichst vollständig abgebildet werden und alle Beteiligten sollen am

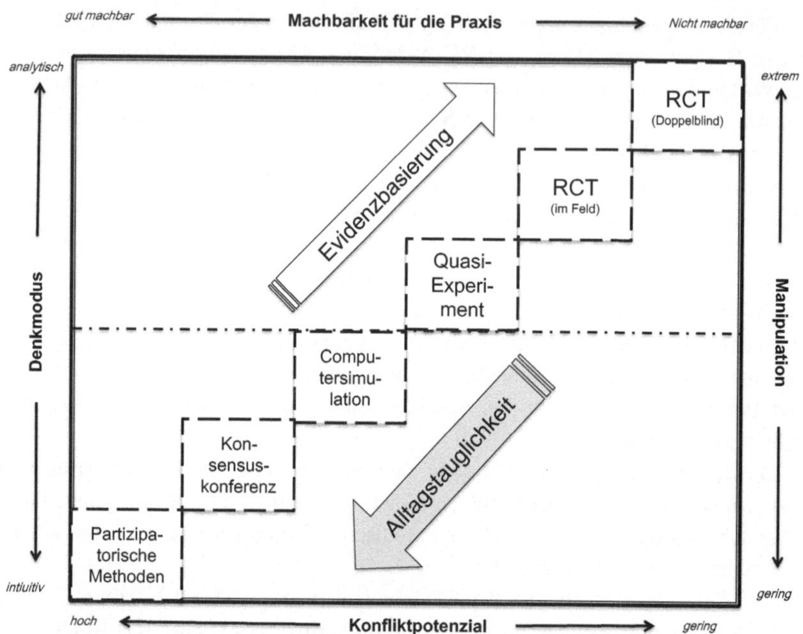

Abb. 6.1 Evaluationsmethoden

Evaluationsprozess teilhaben. Für das partizipative Vorgehen benötigt der Evaluator kommunikative Fähigkeiten und Fertigkeiten, weil er als Moderator agiert. Er benötigt auch Kenntnisse, um qualitative Versuchspläne und Verfahren zielführend zu nutzen.

Zweifel, wie die Resultate einer Evaluation einzuordnen sind, nehmen in dem Maße zu, wie die interne Validität des Evaluationsdesigns abnimmt. An den Ergebnissen eines fehlerfrei durchgeführten echten Experiments ist nicht zu rütteln; es sei denn, man lehnt wissenschaftliche Methodik generell ab. In dem Fall liegt aber auch keine wissenschaftliche Evaluation vor. Methoden mit höherer externer Validität lassen dagegen Interpretationsspielraum zu und bergen Konfliktpotenzial. Stakeholder können Daten unterschiedlich bewerten. Zu Beginn der Evaluation darf daher nicht versäumt werden, Beurteilungskriterien einvernehmlich zu vereinbaren.

Auch **Computersimulationen** sind eine methodische Variante der Evaluationsforschung. Diese sind eine gute Wahl, wenn es zu prüfen gilt, ob und wie sich eine Veränderung eines Verhaltens oder der Umwelt zukünftig auswirken wird: Was wird zum Beispiel passieren, wenn ein Stadtquartier umgestaltet wird? Was, wenn man Straßen anders anlegt, Bürgersteige verbreitert, Beleuchtungen installiert? Werden Bewohner und Bewohnerinnen dann häufiger zu Fuß unterwegs sein? Bevor Bagger anrollen und ein Stadtquartier physisch umgestaltet wird, lassen sich mögliche Wirkungen simulieren.

Eine **Konsensuskonferenz** kann stattfinden, wenn gesichertes wissenschaftliches Wissen zu den Mechanismen fehlt, die in einer Intervention wirken könnten. Dann schätzen Experten und Expertinnen die potenzielle Wirksamkeit von Mechanismen ein.

6.2 Ausgewählte Evaluationsmodelle

Noch drei Evaluationsmodelle sollen kurz stichwortartig skizziert werden: Theory-Driven Evaluation, Constructivist Evaluation und das Umfassende Health-Technology-Assessment-Modell

6.2.1 Theory-Driven Evaluation

Die Theory-Driven-Evaluation (Chen 1990) integriert eine **Programmtheorie,** die Konstrukte benennt, von denen vermutet wird, dass sie den erwünschten Interventionseffekt verursachen. Das Design der Evaluation und die Messmethoden werden an den Konstrukten der Programmtheorie orientiert. Enthält die Theorie Annahmen, dass Wirkungen durch physiologische Vorgänge bedingt werden, dann muss die Evaluation Methoden verwenden, die derartige Prozesse abbilden können. Behauptet sie, psychologische Mechanismen wirkten, muss sie diese valide und reliabel messen. Das Vorgehen der Theory-Driven Evaluation unterscheidet eine theoretisch-konzeptuelle (Erstellen der Programmtheorie) und eine empirisch-methodische Komponente (Festlegen des Designs und des Messkonzepts).

Evaluation wird zur **Knowledge Generation Evaluation,** wenn mit der Evaluation nicht nur informiert wird, ob eine Intervention gewirkt hat, sondern auch beantwortet wird, warum sie gewirkt hat. Die Information ist vorteilhaft, wenn Interventionen wiederholt werden sollen. Die erneute Intervention kann sich dann auf jene Komponenten und Maßnahmen konzentrieren, die in der evaluierten Intervention mit geringstmöglichem Aufwand das Erwünschte bewirkt haben.

6.2.2 Constructivist Evaluation (Fourth Generation Evaluation)

Die Vierte Generation der Evaluation (Guba und Lincoln 1989) ist konstruktivistisch angelegt. Sie unterscheidet sich in ihren prinzipiellen Annahmen von den anderen Typen und Methoden:

- Es existiert keine objektive Wahrheit, mit der die Dinge in der Welt sich beschreiben lassen.
- Die Wahrheit über die Welt ist sozial konstruiert, und die Konstruktion ist alleine von den Informationen abhängig, über die jene verfügen, die (über die Welt) urteilen.
- Geteilte Wahrheit wird in Form eines hermeneutisch-dialektischen Prozesses hergestellt, bei dem zunächst die infrage stehenden Sachverhalte entdeckt und deren Deutung schließlich unter den Beteiligten ausgehandelt werden.

In einer konstruktivistischen Evaluation soll herausgefunden werden, was Projektinitiatoren und Stakeholder erwarten und wie sich diese Erwartungen auf einen Nenner bringen lassen. In einer ersten Phase (Entdeckungsphase) wird gefragt: „Was liegt vor, was geschieht hier?" Im Sinne des Konstruktivismus fördert die Entdeckungsphase keine objektive Wahrheit zutage. Weder muss sich die Interpretation des Evaluators mit jenen der Stakeholder decken, noch weiß der Evaluator, was „wirklich wahr" ist. Das erfordert, eigene Absichten und Interpretationen offenzulegen. In einer zweiten Phase (Assimilationsphase) sucht der Evaluator nach Konstruktionen, die den entdeckten Sachverhalt geeignet beschreiben und erklären oder er sucht Aspekte, die eine Konstruktion der Wirklichkeit plausibel ergänzen. Ziel ist, jene Kernprobleme ausfindig zu machen und in der Intervention zu adressieren, die bislang verhindern, dass sich das Entdeckte „zum Guten" wandelt.

6.2.3 Ein umfassendes Bewertungsmodell

In einem europäischen Forschungsprojekt, unter Beteiligung der Universität Bremen und der LMU München, wurde ein Bewertungsmodell für komplexe Interventionen entwickelt und erprobt, das auf der Website www.integrate-hta.eu (letzter Zugriff: November 2017) vorgestellt wird. Das INTEGRATE-HTA Modell (z. B. Lysdahl et al. 2017) bedenkt unterschiedliche Kontexte und

Implementierungsarten, berücksichtigt ökonomische, soziale, medizinische und reflektiert ethische Aspekte einer Intervention. Das Modell gliedert sich in fünf Schritte. Es startet mit einer partizipativ hergestellten Absichtsdefinition und legt Bewertungskriterien fest. Im zweiten Schritt werden Interventionselemente logisch modelliert (inklusive Visualisierung). Interventionsrelevante Fragestellungen werden im dritten Schritt formuliert. Im vierten Schritt wird das logische Modell abschließend konstruiert und im fünften Schritt wird entschieden, wie vorgegangen wird.

Check for updates

7 Ein wenig Theorie zum Schluss

Interventionsmaßnahmen sollten sich, so eine der Forderungen, an empirischen Studien orientieren, die wissenschaftlich-methodische Standards genutzt und nachgewiesen haben, dass das, was angewendet wird, auch wirkt. Interventionen sollten also evidenzbasiert agieren. Sie sollten sich aber auch an **Theorien** orientieren. Theorien sind im Allgemeinen in der Wissenschaft – ohne dass an dieser Stelle die verschiedenen erkenntnistheoretischen (epistemologischen) Positionen bemüht werden – ein Modell der Wirklichkeit. Sie beschreiben einen Ausschnitt der Realität und erklären, wie die einzelnen Bestandteile sich wechselseitig beeinflussen. Wenn Theorien erklären, dann eignen sie sich, Wirklichkeit vorherzusagen. Im **kritischen Rationalismus** wird von Theorien gefordert, dass sie mittels Beobachtung auf ihre Bewährung geprüft werden können (z. B. Popper 2005). Eine Theorie muss demnach mindestens einen Beobachtungssatz enthalten, der an der „Realität scheitern", dem die Wirklichkeit also potenziell widersprechen kann (Falsifikation).

Für die Interventionspraxis ist theorieorientiertes Vorgehen herausfordernd. Sind Theorien abstrakt formuliert, dann gelingt es kaum, Maßnahmen an den theoretischen Konstrukten zu orientieren. Sind Theorien sehr konkret formuliert, dann reicht die Aussagekraft der Theorien nicht, um die Komplexität einer Realität ansatzweise zu spiegeln. Das verleitet dazu, „theoretisch" als wirklichkeitsfremd zu geißeln; im Sinne von Goethe, als er Mephisto im 1. Teil des Faust sagen lässt:

> Grau teurer Freund, ist alle Theorie,/Und grün des Lebens goldner Baum.

Für die Soziologie hat Merton (1995) vorgeschlagen, Theorien nach Reichweite zu unterscheiden. Abstrakte Theorien lassen sich aufgrund ihrer Komplexität kaum als Ganzes an der Realität bewähren und Aussagen, die lediglich einen

W. Schlicht, *Gesundheit systematisch fördern*, essentials,
https://doi.org/10.1007/978-3-658-20961-2_7

sehr engen Realitätsausschnitt betreffen, sind (wissenschaftlich und auch technologisch) wenig fruchtbar. **Theorien mittlerer Reichweite** – wie sie in der Gesundheitspsychologie existieren – sind brauchbare theoretische Grundlagen für Interventionen. Beispiele sind die seit gut 30 Jahren bekannten **sozial-kognitiven Verhaltensänderungs-Ansätze** wie die „Theorie des geplanten Verhaltens" (Ajzen 1985) oder der „Health Action Process Approach" (Schwarzer 1982).

Aber, ohne prinzipielle Annahmen und Vorstellungen, die für eine Vielzahl von Problemen Lösungen offerieren und daher letztlich abstrakt bleiben müssen, verengt sich Interventionspraxis auf eine starr angewandte Rezeptur, die auf verschiedene Fragen die immer gleiche Antwort parat hat und damit letztlich scheitern muss. In der Wissenschaft orientiert man sich an **Paradigmen.** Diese enthalten eine grundlegend wertende Vorstellung darüber, „… zu erkennen, was die Welt im innersten zusammenhält". Auf das hier behandelte Thema zur Illustration als gegensätzliche Fragen formuliert: Soll Gesundheit als Folge des Verhaltens (z. B. rauchen), das Personen aus freiem Willen wählen oder als Folge von Umwelteinflüssen (z. B. verpestete Luft) verstanden werden, denen Personen ausgeliefert sind?

In den Anfängen bevölkerungsweiter Interventionen stand das Verhalten von Menschen als Ursache von Gesundheit und Krankheit im Zentrum. Large-scale Interventionen wie der Multiple Risk Factor Intervention Trial (MRFIT 1982) oder das Minnesotta Heart Health Program (Luepker et al. 1994) sind Beispiele, die sich an diesem Paradigma orientiert haben.

Glass und McAtee (2006) oder Stokols (1992) oder auch Swinburn et al. (1999) orientieren sich stattdessen am **sozial-ökologischen Modell.** Dort bestimmt die Interaktion von Umwelt (sozial, gebaut, natürlich) und Person (biologische Ausstattung, Einstellungen, Neigungen, Motive etc.) über das Verhalten und damit über die Gesundheit. Glass und McAtee etwa messen der Umwelt eine risiko-regulatorische Funktion bei. Die „Ottawa Charta für Gesundheitsförderung" und nachfolgende Verlautbarungen der WHO plädieren, Prävention und Gesundheitsförderung auf das sozial-ökologische Fundament zu stützen.

Macht man sich das sozial-ökologische Paradigma zu eigen, sollten Theorien mittlerer Reichweite – wenn sie als theoretischer Rahmen einer Intervention gewählt werden – dem Paradigma nicht widersprechen. Wenn also derartige Theorien einen Umwelteinfluss negieren oder einen Verhaltenseinfluss abstreiten, sind sie mit dem sozial-ökologischen Modell unvereinbar.

Die Forderung nach Theorieorientierung als Qualitätsmerkmal wird in der Interventionspraxis häufig als theorietreues Vorgehen missverstanden und abgelehnt. Wenn Wissenschaft Theorien prüft, dann muss das theorietreu geschehen. Konstrukte der Theorie müssen vollständig und valide sein. In der Praxis sollen

Theorien aber nicht geprüft werden. Sie sollen vielmehr helfen, die Komplexität eines Realitätsausschnitts zu verstehen, sie zu reduzieren und Maßnahmen so zu ordnen, dass ein Interventionserfolg wahrscheinlicher wird. Die theoretischen Konstrukte werden als (Wirk-)**mechanismen** verstanden und die Interventionskomponenten und -maßnahmen daran orientiert. In der Interventionspraxis geht es um **Theorieaffinität** und **-bindung.**

Am besten gelingt Theoriebindung mit **Programmtheorien.** Diese formulieren ein **Veränderungsmodell,** in dem Annahmen darüber getroffen werden, warum eine definierte Maßnahme unter den gegebenen Umständen wirken wird. Im Modell wird der wahrscheinliche Wirkmechanismus benannt. In einem **Handlungsmodell** werden die Kontexte, die Komponenten und die Aktivitäten definiert, die das Wirken der Maßnahmen begünstigen. Das **Wirkmodell** schließlich benennt die Wirkungen, als auch die wahrscheinlichen Neben- und Folgewirkungen in einer feststellbaren Art und Weise (z. B. SMART). Vollständig formuliert kann eine Programmtheorie **moderierende** (Wirkungen abschwächende oder steigernde) oder **mediierende** (Wirkungen vermittelnde) Bedingungen benennen. Zu Programmtheorien gelangt man über die systematische Analyse empirischer Studien und einen methodischen Ansatz, den Pawson et al. (2004) als **Realist Synthesis** in die Literatur eingeführt haben.

Literatur

Ajzen, I. (1985). From intentions to actions: A theory of planned behavior. In J. Kuhl & J. Beckmann (Hrsg.), *Action-control: From cognition to behavior* (S. 11–39). Heidelberg: Springer.

Bartholomew, L. K., Parcel, G. S., Kok, G., Gottlieb, N. H., & Fernandez, M. E. (2011). *Planning health promotion programs: An intervention mapping approach* (3. Aufl.). San Francisco: Jossey-Bass.

Bödeker, W. (2012). Wirkungen und Wirkungsnachweise bei komplexen Interventionen. In RKI & Bayrisches Landesamt für Gesundheit und Lebensmittelsicherheit (Hrsg.), *Evaluation komplexer Interventionsprogramme in der Prävention: Lernende Systeme, lehrreiche Systeme?* (S. 33–42). Berlin: RKI.

Böhme, C., & Bunge, C. (2016). Umweltgerechtigkeit und gesundheitsfördernde Stadtentwicklung. *Public Health Forum, 24*(4), 258–260.

Bunge, M. (1976). *Scientific research*. Berlin: Springer.

Chen, H.-T. (1990). *The theory-driven evaluations*. Thousand Oaks, CA: Sage.

Craig, P., Dieppe, P., Macintyre, S., Michie, S., Nazareth, I., & Petticrew, M. (2008). Developing and evaluating complex interventions: New guidance. http://www.mrc.ac.uk/complexinterventionsguide.

Dörner, D. (1976). *Problemlösen als Informationsverarbeitung*. Stuttgart: Kohlhammer.

Faltermaier, T. (2005). *Gesundheitspsychologie*. Stuttgart: Kohlhammer.

Fries, J. F., Bruce, B., & Chakravarty, E. (2011). Compression of morbidity 1980–2011: A focused review of paradigms and progress. *Journal of Aging Research, 26*. Article ID: 261702. http://dx.doi.org/10.4061/2011/261702.

GDB 2015 Obesity Collaborators. (2017). Health effects of overweight and obesity in 195 countries over 25 years. *The New England Journal of Medicine, 377,* 13–27.

Glasgow, R. E., Vogt, T. M., & Boles, S. M. (1999). Evaluating the public health impact of health promotion interventions: The RE-AIM framework. *American Journal of Public Health, 89,* 1322–1327.

Glass, T. A., & McAtee, M. J. (2006). Behavioral science at the crossroads in public health: Extending horizons, envisioning future. *Social Science & Medicine, 62,* 1650–1671.

Green, L. W., & Kreuter, M. W. (1991). *Health promotion planning: An educational and environmental approach*. Mountain View, CA: Mayfield.

Guba, E. G., & Lincoln, Y. S. (1989). *Forth generation evaluation*. Thousand Oaks, CA: Sage.

W. Schlicht, *Gesundheit systematisch fördern*, essentials,
https://doi.org/10.1007/978-3-658-20961-2

Hansen, S., Kanning, M., Lauer, R., Steinacker, J., & Schlicht, W. (2017). MAP-IT: A practical tool for planning complex behavior modification interventions. *Health Promotion Practice, 18*, doi: 10.1177/1524839917710454.

Hurrelmann, K., & Franzkowiak, P. (2004). Gesundheit. In BZgA (Hrsg.), *Leitbegriffe der Gesundheitsförderung. Glossar zu Konzepten, Strategien und Methoden in der Gesundheitsförderung* (S. 52–54). Mainz: BZgA.

Kirusek, T. J., & Sherman, R. E. (1968). Goal attainment scaling: A general method for evaluating comprehensive community health programs. *Community Mental Health Journal, 4,* 443–453.

Klein, G. (2008). Naturalistic decision making. *Human Factors, 50,* 456–460.

Kreft, D., & Doblhammer, G. (2016). Expansion or compression of long-term care in Germany between 2001 and 2009? A small-area decomposition study based on administrative health data. *Population Health Metrics, 14*. doi: 10.1186/s12936-016-0093-1.

Kühn, H. (1993). *Healthismus: Eine Analyse der Gesundheitspolitik und Gesundheitsförderung in den U.S.A.* München: Edition sigma.

Lange, C., & Finger, J. (2017). Health related behaviour in Europe – A comparison of selected indicators for Germany and the European Union. *Journal of Health Monitoring, 2,* 1–114.

Lobb, R., & Colditz, G. A. (2013). Implementation science and its application to population health. *Annual Review of Public Health, 34,* 235–251.

Locke, E. A., & Latham, G. P. (Hrsg.). (1990). *A theory of goal setting and task performance*. Englewood Cliffs: Prentice-Hall.

Luepker, R. V., Murray, D. M., Jacobs, D. R., et al. (1994). Community education for cardiovascular disease prevention: Risk factor changes in the Minnesota Heart Health Program. *American Journal of Public Health, 84,* 1383–1393.

Lysdahl, K. B., Brönneke, J. B., Mozygemba, K., Hofmann, B., & Burns, J. (2017). Comprehensive assessment of complex technologies: Integrating various aspects in health technology assessment. *International Journal of Technology Assessment in Health Care, 4,* 1–7.

Merton, R. K. (1995). *Soziologische Theorie und soziale Struktur*. Berlin: deGruyter.

Michie, S., Atkins, L., & West, R. (2014). *The behaviour change wheel: A guide to designing interventions*. London: Silverback Publishing.

Michie, S., Fixsen, D., Grimshaw, J. M., & Eccles, M. P. (2009). Specifying and reporting complex behaviour change interventions: The need for a scientific method. *Implementation Science, 4,* 40–45.

Michie, S., Richardson, M., Johnston, M., et al. (2013). The behavior change technique taxonomy (v1) of 93 hierarchically clustered techniques: Building an international consensus for the reporting of behavior change interventions. *Annals of Behavioral Medicine, 46*(1), 81–95.

Michie, S., van Stralen, M. M., & West, R. (2011). The behaviour change wheel: A new method for characterizing and designing behaviour change interventions. *Implementation Science, 6,* 42.

Morris, J. N., Heady, J. A., Raffle, P. A. B., et al. (1953). Coronary heart disease and physical activity at work. *Lancet, 256*(6796), 1053–1057.

MRFIT. (1982). Multiple risk factor research trial: Risk factor changes and mortality results. *Journal of the American Medical Association, 248,* 1465–1477.

Mühlhauser, I., Lenz, M., & Meyer, G. (2011). Entwicklung, Bewertung und Synthese von komplexen Interventionen – eine methodische Herausforderung. *Zeitschrift für Fortbildung und Qualität im Gesundheitswesen, 105,* 751–761.

OECD. (2016). *OECD Wirtschaftsberichte Deutschland 2016. Steigerung der Lebensqualität in Deutschlands alternder Gesellschaft*. Berlin: OECD Publishing.

OECD. (2017). *Health at a glance 2017: OECD indicators*. Paris: OECD Publishing.

Pawson, R., Greenhalgh, T., Harvey, G., & Walshe, K. (2004). *Realist Synthesis: An introduction*. ESRC Research Methods Programme. RMP Methods Paper, (2). University of Manchester.

Perrez, M. (2005). Wissenschaftstheoretische Grundlagen klinisch-psychologischer Intervention. In M. Perrez & U. Baumann (Hrsg.), *Lehrbuch Klinische Psychologie – Psychotherapie* (3. Aufl., S. 68–88). Bern: Huber.

Plass, D., Vos, T., Hornberg, C., Scheidt-Nave, C., Zeeb, H., & Krämer, A. (2014). Entwicklung der Krankheitslast in Deutschland. *Deutsches Ärzteblatt, 38,* 629–638.

Popper, K. (2005). *Die Logik der Forschung* (11. Aufl.). Tübingen: Mohr Siebeck.

Porcheret, M., Main, C., Croft, P., McKinley, R., Hassell, A., & Dziedzic, K. (2014). Development of a behaviour change intervention: A case study on the practical application of theory. *Implementation Science, 9,* 42.

Proctor, E., Silmere, H., Raghavan, R., et al. (2011). Outcomes for implementation research: Conceptual distinctions, measurement challenges, and research agenda. *Administration and Policy in Mental Health, 38,* 65–76.

RKI. (2015). *Gesundheitsberichterstattung des Bundes. Gemeinsam getragen von RKI und DESTATIS. Gesundheit in Deutschland*. Berlin: RKI.

RKI & Bayrisches Landesamt für Gesundheit und Lebensmittelsicherheit (Hrsg.). (2012). *Evaluation komplexer Interventionsprogramme in der Prävention: Lernende Systeme, lehrreiche Systeme? Beiträge zur Gesundheitsberichterstattung des Bundes*. Berlin: Robert Koch Institut.

Schlicht, W. (1998). Gesundheit. In O. Grupe & D. Mieth (Hrsg.), *Lexikon der Ethik im Sport* (S. 211–217). Schorndorf: Hofmann.

Schlicht, W. (2017). *Urban Health. Erkenntnisse zur Gestaltung einer "gesunden" Stadt*. Wiesbaden: Springer.

Schlicht, W., & Zinsmeister, M. (2015). *Gesundheitsförderung systematisch planen und effektiv intervenieren*. Berlin: Springer.

Schwarzer, R. (1982). Self efficacy in the adoption and maintenance of health behoviors: Theoretical approaches and a new model. In R. Schwarzer (Hrsg.), *Self efficacy: Thought control of action* (S. 217–243). Washington: Hemisphere.

Spitzenverband, G. K. V. (2010). *Leitfaden Prävention* (2. Aufl.). Berlin: GKV Spitzenverband.

Stokols, D. (1992). Establishing and maintaining healthy environments: Towards a social ecology of health promotion. *American Psychologist, 47,* 6–22.

Stufflebeam, D., & Shinkfield, A. J. (2007). *Evaluation, theory, models, and applications*. San Francisco: Jossey Bass.

Swinburn, B., Egger, G., & Raza, F. (1999). Dessection obesogenic environments: The development and application of a framework for identifying and prioritizing environmental interventions in obesity. *Preventive Medicine, 29,* 563–570.

Thorndike, R. L. (1949). *Personel selection. Test and measurement techniques*. New York: Wiley.

Tricket, E. J., & Espino, S. L. R. (2004). Collaboration and social inquiry: Multiple meanings of a construct and its role in creating useful and valid knowledge. *American Journal of Community Psychology, 34,* 1–69.

Turner, S., D'Lima, D., Hudson, E., Morris, S., Sheringham, J., Swart, N., et al. (2017). Evidence use in decision-making on introducing innovations: A systematic scoping review with stakeholder feedback. *Implementation Science, 12,* 145–157.

Unger von, H., Block, M., & Wright, M. T. (2007). Aktionsforschung im öffentlichen Raum. Zur Geschichte und Aktualität eines kontroversen Ansatzes aus Public Health Sicht. http://hdl.handle.net/10419/47408.

Weltgesundheitsorganisation. (1986). Ottawa Charta für Gesundheitsförderung. http://www.euro.who.int/__data/assets/pdf_file/0006/129534/Ottawa_Charter_G.pdf?ua=1.

WHO. (2006). *Zugewinn an Gesundheit. Die Europäische Strategie zur Prävention und Bekämpfung nichtübertragbarer Krankheiten*. Kopenhagen: WHO.

Wildner, M. (2012). Chaos ist keine gute Idee: Von der petitio principii zu definitorischer Klarheit. Eine Nachbetrachtung. In RKI & Bayrisches Landesamt für Gesundheit und Lebensmittelsicherheit (Hrsg.), *Evaluation komplexer Interventionsprogramme in der Prävention: Lernende Systeme, lehrreiche Systeme? Beiträge zur Gesundheitsberichterstattung des Bundes* (S. 145–146). Berlin: RKI.

Woolf, S. H. (2008). The meaning of translational research and why it matters. *Journal of American Medical Association, 299,* 211–213.